ECLAIRCISSEMENS SUR L'ANALYSE DES INFINIMENT PETITS.

PAR M. VARIGNON,

Membre des Academies Royales des Sciences de Paris, de Londre, & de Berlin, & Professeur Royal.

A PARIS;

Chez ROLLIN, Quay des Augustins, à la descente du Pont S. Michel, au Lion d'or.

M. DCC. XXV.

AVEC APPROBATION ET PRIVILEGE DU ROY.

LE LIBRAIRE AU LECTEUR.

TOUT ce qui peut le plus faire eſtimer un ouvrage ſe trouvera dans celui-ci, l'utilité de la matiere, & la capacité de l'Auteur qui l'a compoſé.

Les ſuccès du Livre de M. le Marquis de l'Hôpital ſur l'*Analyſe* des Infiniment Petits, les applaudiſſemens qu'il a reçus dans tous les lieux où les Mathematiques ſont connues, l'uſage que tous les plus habiles Geometres font du calcul differentiel dont il a donné les régles, ſont des preuves indubitables de l'utilité de cette nouvelle Méthode, & nous exemptent d'en parler ici & d'en expliquer les avantages.

Pour ce qui eſt de M. Varignon, il faut ignorer juſqu'au nom de la Geométrie pour ne ſavoir pas les progrès qu'il avoit fait dans cette Science & principalement dans les nouvelles Methodes, & la réputation que lui ont acquiſe dans toutes les parties de l'Europe les excellens morceaux qu'il a donnés ſur cela, & qui tiennent un lieu ſi conſiderable dans les Memoires de l'Academie des Sciences.

Avec cette habileté ſi profonde en ces matiéres & ſi généralement reconnue, il s'étoit appliqué pendant pluſieurs années à lire & à examiner l'Analyse des Infiniment Petits de M. le Marquis de l'Hôpital, & il avoit recueilli avec beaucoup de soin tout ce qui lui étoit venu à l'esprit sur cela, & qui lui avoit paru capable de contribuer à la perfection entiere de ce Traité.

Comme j'avois connoissance de ce travail de M. Varignon avant la perte que fit l'Academie par la mort de ce grand Geometre, je me persuadai que je rendrois au Public un service important, & dont il me sauroit gré, si j'empêchois que ce Manuscrit ne passât après sa mort dans les mains de quelque particulier à l'utilité duquel seul il eût servi, ou qu'il ne rentrât dans l'obscurité de quelque cabinet ou de quelque Bibliothéque, d'où peut être il ne seroit jamais sorti, & si je l'acquerois à quelque prix que ce fût pour l'imprimer, & en faire présent aux Savans.

Quand j'en fus le maître, des Connoisseurs qui le virent, me confirmerent dans la pensée que j'avois eue & me presserent de le faire paroître. Et depuis que l'on a été instruit du dessein que j'avois de le mettre en lumiere & que le bruit s'en est répandu, on m'a écrit plusieurs fois, & on me l'a demandé de tous côtés.

Il n'a pas tenu à moi que je ne contentasse plutôt les empressemens du Public : mais enfin le voici ce Recueil des méditations & des recherches de M. Varignon sur l'Analyse des Infiniment Petits de M. le Marquis de l'Hôpital. Je n'ai rien épargné pour seconder les souhaits du Public, & pour faire que l'édition repondît à l'excellence de l'Ouvrage ; & j'ose esperer qu'on ne sera à proportion gueres moins content de moi qu'on le sera à coup seur de l'Auteur.

Il n'avoit point mis de titre à son Ouvrage. Il paroît qu'il avoit dessein de l'imprimer en forme de Notes avec le Texte de M. le Marquis de l'Hôpital : mais comme l'Analyse des Infiniment Petits a déja paru plusieurs fois & en France & dans les Pays étrangers, qu'elle est très répandue, & que tous les gens du métier en sont fournis, j'ai cru que je leur ferois plaisir de leur épargner la dépense de l'acheter une seconde fois, & qu'il ne seroit pas moins commode de lire le Commentaire dans un volume séparé que l'on pouroit aisément avoir devant les yeux en même temps que l'Analyse qu'il éclaircit & qu'il explique, que de les avoir tous-deux dans un même livre.

J'y ai mis le titre d'*Eclaircissemens*, le plus naturel & le plus simple qu'il m'a paru qu'on y pût donner. Ce ne sont pourtant pas de simples Eclaircissemens, ni des explications seulement des endroits obscurs, ou difficiles de l'Analyse, qui en facilitent l'intelligence aux Commençans. On y trouvera des Additions considérables, des Propositions nouvelles, des Problêmes ajoutés à ceux de M. le Marquis de l'Hôpital, des Regles, des Constructions, des Méthodes différentes trouvées par M. Varignon : mais soit Eclaircissemens, soit Additions, tout y paroîtra digne de ces deux grands Académiciens, tout y soutiendra la réputation de l'Auteur, tout y méritera l'attention des Geométres les plus consommés.

M. le Marquis de l'Hôpital, & M. Varignon étoient si unis ensemble & par les liens de l'amitié, & par la conformité de leurs goûts, de leurs études, de leurs sentimens sur ces matiéres, qu'ils ne faisoient presque rien qu'ils ne se communicassent l'un à l'autre, & que ces Eclaircissemens pourroient passer pour des Réfléxions de M. le Marquis de l'Hôpital lui-même sur son ouvrage, & qu'on pourroit en quelque sorte les appeller une nouvelle édition de l'Analyse des Infiniment Petits, revûe, corrigée, & augmentée par l'Auteur, ou du moins selon les vûes de l'Auteur.

Au reste l'on a suivi le Manuscrit de M. Varignon avec la derniere exactitude. On n'a rien voulu en retrancher, & l'on donne les choses mêmes qu'il n'avoit que jettées sur le papier pour les éxaminer, telles que la Remarque sur les tangentes, pag. 12, celles qu'il avoit changées ensuite, comme la Remarque sur l'Article 67, des Infiniment Petits, page 42, & celles qu'il avoit laissées imparfaites, comme la Proposition de la page 80, dont il n'a point fait la Démonstration.

On a suivi de même très soigneusement tous

les renvois qu'il avoit marqués, & l'on a rapporté chaque Eclairciſſement à l'article, à la page, & à la ligne qu'il avoit déſignés par ſon renvoi : en ſorte que ſi M. Varignon avoit préſidé lui-même à l'impreſſion de ſon Ouvrage, il n'eût pû être plus fidélement éxécuté.

On trouvera deux ſortes de Figures marquées aux marges, celles que M. le Marquis de l'Hôpital a données dans l'Analyſe des Infiniment Petits, & celles que M. Varignon à faites pour ces Eclairciſſemens & que l'on voit à la fin de ce Livre. Quand on renvoye à ces dernieres, c'eſt-à-dire, à celles de M. Varignon qui ſont à la fin de ces Eclairciſſemens, on s'eſt contenté de marquer le nombre de la Figure, par exemple, *Fig.* 1. *Fig.* 2. *Fig.* 3, *&c.* Et quand on veut indiquer celles de l'Analyſe des Infiniment Petits, on a ajouté au nombre de la Figure, qu'elle eſt de l'Analyſe des Infiniment Petits, en cette maniere, *Fig.* 3. *des Infin. Petits*, *Fig.* 12. *des Infin. Petits*, *&c.*

Quelque peine que l'on ſe ſoit donnée pour que ces Figures fuſſent exactement marquées, on n'a pu empêcher qu'il ne s'y gliſſât quelques fautes, qui ne peuvent néanmoins faire de confuſion par le ſoin qu'on a pris d'y ſuppléer. L'erreur eſt dans quelques uns des nombres qui marquent les Figures de M. Varignon, qui ſont à la fin du Livre, 1°. à la page 17, vis-à-vis la ligne 6, on a oublié de mettre à la marge *Fig.* 5. & à la page 24, vis-à-vis la ligne 20, de mettre à la marge *Fig.* 10. 2°. Depuis la Figure 31 jusqu'à la 36, on a mal marqué les nombres, & l'on n'a pu s'en appercevoir par la confrontation des Figures, parcequ'elles étoient alors chez le Graveur. L'on a remedié à ces inconveniens en deux manieres, 1°. Par un Errata. 2°. Sur les Planches mêmes en y marquant à chacune des Figures mal indiquées dans l'Imprimé, la page à laquelle elle se doit rapporter. Ainsi ces fautes ne peuvent causer le moindre embarras.

ECLAIRCISSEMENS

ECLAIRCISSEMENS SUR L'ANALYSE DES INFINIMENT PETITS.

Infiniment Petits, page premiere.

DE'FINITION PREMIERE.

TOUTE quantité qui gardant la même expression, augmente ou diminue continuellement (*non per saltum*), est appellée *variable*; & celle qui, sous la même expression, garde la même valeur, est appellée *fixe* ou *constante*. Ainsi, lorsque dans une parabole on nommera chaque ordonnée, *y*; & chaque fléche ou coupée, *x*; & le paramétre, *a*: l'ordonnée & la coupée seront des quantitez *variables*; & le paramétre sera une quantité constante.

Page 2. DE'FINITION II.

La *difference* ou *differentielle* d'une quantité, est l'accroissement ou la diminution instantanée de sa valeur. Ainsi la différence d'une quantité variable sera une portion indéfiniment petite, dont sa valeur augmente ou diminue continuellement ; celle d'une quantité constante sera toujours zero.

Page 2. SUPPOSITION PREMIERE.

Toute quantité qui n'est augmentée ou diminuée que d'une partie infiniment petite par rapport à son tout, peut être prise pour la même qu'elle étoit avant ce changement : *Mutatio indefinitè parva, mutatio nulla.*

Page 3. SUPPOSITION II.

Tout produit qui résulte d'une quantité indéfiniment petite par une autre quantité indéfiniment petite, est nul.

AVERTISSEMENT.

Pour faciliter ce calcul, en fixant l'imagination, on exprimera dans la suite les quantitez constantes par les premieres lettres de l'Alphabet : a, b, c, e, f, g, &c. (*excepté* d *qui servira de caractéristique aux différentielles*) ; *les variables par les dernieres lettres* x, y, z, &c. *& les différences de ces variables* x, y, z, &c. *par* dx, dy, dz, *&c.*

REMARQUE

Sur les differentielles des appliquées circulaires.

FIGURE I. SOIT un cercle *AEG*, dont le centre *C*, avec une courbe quelconque *LD*, dont les abscisses *AH*, & les appliquées circulaires *HL*, décrites du centre *C*. Si l'on en imagine deux *HL*, *hl*, indéfiniment proches l'une de l'autre, avec les deux rayons correspondans *CE*, *Ce* & *IO*, telle que l'on ait *RL*.*RO* :: *CR*.*hR*. Je dis que *OL* ſera la différence de cette appliquée HL, hl, c'eſt-à-dire, que $hl - HL = Ol$.

DÉMONSTRATION.

PUISQUE (*hyp.*) $CR . bR :: RL . RO = \frac{bR \times RL}{CR}$. L'on aura $bR + RO$ (bO) $= bR + \frac{bR \cdot RL}{CR} = \frac{bR \times \overline{CR + RL}}{CR} = \frac{bR \times CL}{CR} = HL$. Donc $Hl - HL = Hl - bO = Ol$. Et par conſéquent Ol ainſi priſe, ſera la différence des appliquées circulaires hl, HL. Ce qu'il falloit démontrer.

COROLLAIRE.

Donc auſſi ayant $CE . CR :: Ee$, $Rl = \frac{CR \times Ee}{CE}$ & $CE . CR :: AE . bR = \frac{CR \times AE}{CE}$. L'on aura cette difference Ol ($Rl - RO$) $= \frac{CR \times Ee}{CE} - \frac{bR \times RL}{CR} = \frac{CR \times Ee}{CE} - \frac{AE \times RL}{CE} = \frac{CR \times Ec - AE \times RL}{CE}$.

SCHOL. On voit de-là qu'en fait d'appliquées circulaires HL, leurs différentielles ne ſont pas Rl; & que ces Rl ſe doivent toujours chercher par l'Analogie de $CE . CR :: Ee . Rl = \frac{CR \times Ee}{CE}$.

Mais il faut prendre garde que l'Analogie ſuppoſée de $CR . bR :: RL . RO$. ne rend pas ZO paralelle à AC, comme on le pourroit peut-être penſer. Car ſi ZO étoit parallele à AC, l'on auroit (en faiſant en R la tangente RT) $RL . RO :: CR . RT$, & non pas $RL . RO :: CR . bR$. Ce qui eſt fort different, puiſque bR & RT, étant (*hyp.*) finies; & par conſequent RT, étant plus grande que bR, d'une différence finie, la premiere RO ſeroit auſſi plus grande que la ſeconde, d'une différence de même genre qu'elles; & par conſequent plus grande qu'il ne faut, la ſeconde RO étant celle que requiert la démonſtration précedente. Donc ZO ne doit point être parallele à AC.

Il est encore à remarquer que puisque la différence des appliquées circulaires *HL*, *hl*, est *Ol*, & non *Rl*, l'intégrale de *Rl* ne sera point *hl*, mais bien celle de *Ol*; c'est-à-dire, que $hl = \int ol$, & non $hl = \int Rl$. C'est aussi pour cela qu'en appellant *hl*, *z*; l'on aura $Ol = dz$, & non pas $Rl = dz$; ou si l'on faisoit $Rl = dz$, l'on n'auroit plus $hl = z$.

Page 3, II. Supposition, Art. 3.

PROPOSITION.

FIGURE II. *S*oit une Courbe quelconque ABF, *dont* AE *soit la tangente en* A, *de quelque Point* C *pris à discrétion sur la droite* AC; *soit une sécante quelconque* CE, *laquelle rencontre cet arc en* B, *d'où tombe* BD *paralelle à* EA, *avec la corde* BA. *Si l'on imagine la droite* CE *en mouvement autour du Point* C *vers* AC, *de maniere que* BD *&* BA *suivent ce Point* B *à mesure qu'il s'aproche du Point* A. *Je dis qu'à la fin la touchante* EA, *sa paralelle* BD, *l'arc* AOB, *& sa corde* AB, *se confondront & deviendront égaux entr'eux.*

DE'MONSTRATION.

DE ce que l'on suppose *BD* par tout parallele à *EA*, l'on aura aussi par-tout *BD* . *EA* :: *CB* . *BE*. Or le mouvement qu'on suppose dans *CE*, la confondant enfin avec *CA*, aussi bien que les Points *B* & *E* avec *A*; les droites *CB*, *CE* se trouveront à la fin égales entr'elles. Donc à la fin les droites *BD*, *EA*, deviendront aussi égales entr'elles; & même encore égales à l'arc *AOB* & à sa corde *AB* qu'elles interceptent, avec lesquels elles s'appliquent & conviennent alors. *Ce qu'il falloit démontrer.*

COROLLAIRE.

Comme ce ne sont plus alors que des parties infiniment petites de *BD*, *BA*, *BOA*, *EA*; qui se confondent en une; il suit qu'une partie infiniment petite de quelque courbe que ce soit, peut être prise pour une ligne droite, & cette courbe pour un polygone d'une infinité de côtez.

Page 3, sur l'Art. 4.

PRINCIPE UNIVERSEL

Du Calcul des differences.

POUR prendre la difference de plusieurs quantitez quelconques, ajoutées, soustraites, multipliées ou divisées ensemble, dont l'artifice se réduit à substituer chaque quantité simple + sa difference en sa place: ensuite on fait à l'ordinaire l'Addition, la Soustraction, la Multiplication, ou la Division requise, de ces quantitez substituées; après, qu'on retranche du résultat de cette operation, la grandeur proposée avec les termes nuls; & ce qui restera sera au juste la difference cherchée. Par exemple:

DE L'ADDITION ET SOUSTRACTION.

Il s'agit de trouver la différence des quantitez $a + x + y - z$. Substituons chacune de ces quantitez avec sa différentielle à la place de chacune d'elles: sçavoir, $a + o = a$, $x + dx = x$, $y + dy = y$, $z + dz = z$; l'on aura $a + o + x + dx + y + dy + z + dz$, de laquelle somme, si l'on retranche la grandeur proposée $a + x + y - z$, il restera $o + dx + dy - dz$, ou simplement $dx + dy - dz$, qui sera la différence cherchée.

DE LA MULTIPLICATION.

TROUVER *la difference du produit* axy.

Si l'on substitue encore $a + o$, $x + dx$, & $y + dy$, à la place de a, x, y, leur produit sera $axy + axdy + aydx + xyo + oxdy + oydx + adxdy + odxdy$, duquel retranchant le proposé axy, & les cinq derniers qui sont nuls, le reste $axdy + aydx$ sera la difference cherchée.

DE LA DIVISION.

TROUVER *la différence de* $\frac{x}{y}$.

SOIT $\frac{x}{y} = z$, & en substituant ces grandeurs plus leurs differentielles en leurs places, l'on aura $\frac{x+dx}{y+dy} = z + ch$, ou (en faisant évanouir la fraction) $x + dx = yz + ydz + zdy + dydz$ (en ôtant le terme nul $dydz$) $= yz + ydz + zdy$; ce qui donne $dz = \frac{x+dx-yz-zdy}{y}$ (en substituant $= \frac{x+dx-y\frac{x}{y}-\frac{xdy}{y}}{y}$ au lieu de z sa valeur $\frac{x}{y}$) $= \frac{x+dx-y\frac{x}{y}-\frac{xdy}{y}}{y} = \frac{yx+ydx-yx-xdy}{yy} = \frac{ydx-xdy}{yy}$, pour la difference cherchée.

COROLLAIRE.

Comme dans toutes les opérations précédentes nous n'avons eu égard à aucune circonstance particuliere qui puisse leur ôter leur universalité, & les restreindre à quelque cas particulier ; il est évident que de résultat chaque opération peut être pris pour une formule génerale qui embrasse tous les cas imaginables dans ce même genre. Ainsi,

RE'GLE GE'NERALE

Pour l'Addition & la Soustraction.

Puisque la formule qui donne $dx + dy - dz$ pour la différence des quantitez $a + x + y - z$, il suit qu'étant donnée une somme de quantitez quelconques variables ou non variables, affirmées ou niées : pour avoir la difference totale, il faut prendre la difference en particulier de chacune des variables, & ranger ces differences de suite, chacune gardant le même signe que la variable dont elle est différence.

RE'GLE GE'NERALE

Pour la Multiplication.

Puisque la formule qui donne la différence des quantitez multipliées ensemble axy, est $axdy + aydx$, on a la Régle génerale suivante.

Prenez la difference de chaque quantité variable que vous trouverez dans la grandeur à differentier, & la multipliez par le produit des autres tant variables que non variables ; ce qui donnera autant de produits differentiels qu'il y a de variables dans le proposé à differentier : la somme de tous ces produits differentiels, sera la difference cherchée.

RÉGLE GÉNERALE.

Pour la Division.

Puisque la formule qui donne la différence des quantitez divisées $\frac{x}{y}$, se réduit à $\frac{ydx - xdy}{yy}$, on a la Régle génerale qui suit.

Prenez la différence du terme supérieur, que vous multiplirez par le terme inferieur, & la différence du terme inférieur que vous multiplirez aussi par le même supérieur : vous aurez deux produits dont le premier renferme la différence du terme supérieur, & l'autre le renferme lui-même ; ôtez le second du premier, & divisez le tout par le quarré du terme inférieur : cette fraction sera la difference cherchée.

Page 4, Art. 5, 2°, ligne 2.

Par exemple, $xy = u$, qui (*nomb.* 1.) donne $xdy + ydx = du$; l'on aura $xyz = uz$; & consequemment $dxyz = udz + zdu$ (en restituant les valeurs de u, du) $= xydz + zxdy + zydx$, ainsi que l'Auteur le dit.

Page 5, Art. 5, 3°, à la fin ajoutez.

A cause que x & y expriment encore ici telles grandeurs qu'on voudra.

Page 5, Art. 6, après ces mots, d'où l'on forme cette régle, *ajoûtez :*

A cause que x & y expriment telles grandeurs qu'on voudra.

Page 5, Art. 6.

Cela se peut encore démontrer autrement ; car x devenant $= x + dx$ & $y = y + dy$, l'on aura $\frac{x}{y} = \frac{x+dx}{y+dy}$; ainsi en retranchant $\frac{x}{y}$ de part & d'autre, sa differentielle se trouvera $= \frac{x+dx}{y+dx} - \frac{x}{y} = \frac{xy+ydx-xy-xdy}{yy+ydy} = \frac{ydx-xdy}{yy+ydy} = \frac{ydx-xdy}{yy}$, à cause que $yy+ydy = yy$, ydy, étant infiniment petit par rapport à yy, c'est-à-dire, comme dy est à y. *Ce qu'il falloit démontrer.*

REMARQUE PREMIERE.

DE même que la Proposition 3. dont il s'agit, a été prouvée par la précedente Proposition 2. de même aussi cette Proposition 2. peut être prouvée à son tour par la preuve qu'on vient d'ajouter de la Proposition 3. En effet, soit $xy = z$; l'on aura $x = \frac{z}{y}$, & (*Demonst. preced.*) $dx = \frac{ydz-zdy}{yy}$, ou $yydx = ydz - zdy$ (à cause $xy = z$) $= ydz - xydy$. Donc $yydx + xydy = ydz$ ou, $ydx + xdy = dz$ differentielle de z ou (*hyp.*) de xy. *Ce qu'il faloit démontrer.*

On voit donc que ces deux Propositions 2 & 3, se peuvent également prouver, soit dépendemment ou indépendemment l'une de l'autre.

Page 6, Art. 7.

REMARQUE II.

PUisque (*article* 5) la difference de xyz, est $= xydz + xzdy + yzdx$: Si $x = y = z$, l'on auroit $xyz = x^3$, dont la difference seroit $xxdx + xxdx + xxdx = 3xxdx$. De même la difference de $rstuxyz$, étant (*nomb.* 5) $= rstuxydz + rstuxzdy + rstuyzdx + rstxyzdu + rsuxyzdt + rtuyzxds + stuxyzdr$; si toutes les grandeurs qui sont dans le produit $rstuxyz$, sont égales entre elles, en sorte qu'il soit $= xxxxxxx = x^7$, la difference sera $= x^6dx + x^6dx + x^6dx + x^6dx + x^6dx + x^6dx + x^6dx = 7x^6dx$. Et ainsi de tant d'autres produits qu'on voudra, faits de tels nombres de grandeurs quelconques qu'on voudra, lesquelles

lesquelles étant ensuite supposées toutes égales entr'elles, en feront une puissance d'une d'elles, d'autant de dimensions qu'il y en a dans ce produit ; & suivant ce qui précede, la difference de cette puissance, par exemple de x^7, sera $= 7x^6 dx$, faite de son exposant 7, multiplié par la puissance x^7 diminuée d'un degré, au lieu duquel on met dx. Par la même raison, l'on aura en général $mx^{m-1}dx$ pour la différence de x^m ; & ainsi des autres.

Suivant cela, les différences de x^5, x^4, x^3, x^2, x^1, x^0, $\frac{1}{x}$, $\frac{1}{x^2}$, $\frac{1}{x^3}$, $\frac{1}{x^4}$, &c. seront $5x^4dx$, $4x^3dx$, $3x^2dx$, $2x^1dx$, $1x^0dx = dx$, $0x^{0-1}dx = 0$, $\frac{dx}{x^2}$, $\frac{-2xdx}{x^4}$, $= \frac{-2dx}{x^3}$, $\frac{-3x^2dx}{x^6} = \frac{-3dx}{x^4}$, $\frac{-4x^3dx}{x^8} = \frac{-4dx}{5}$, &c. selon que m sera $= 5, 4, 3, 2, 1, 0, -1, -2, -3, -4$, &c.

LEMMES.

LEMME I. $x^m \times x^n = x^{m+n}$. Car suivant l'institution des exposans m, n, des puissances x^m, x^n, l'on a $x^m = x$, multipliée m de fois par elle-même, & $x^n = x$, multipliée, aussi n de fois par elle-même. Donc $x^m \times x^n = x$, multipliée $m+n$ de fois par elle-même ; & par consequent, suivant la même institution, l'on verra $x^m \times x^n = x^{m+n}$.

Lemme II. $x^{mn} = x^m$, élevée au degré n, ou x^n, élevée au degré m. Car 1°, $x^{mn} = x^m$, multipliée n de fois par elle même ; & consequemment $x^{mn} = x^m \times x^m \times x^m \times x^m \times$, &c. jusqu'à n de fois $= x^{m+m+m+m+}$, &c. jusqu'à n de fois $= x^{mn}$.

2°. De même $x^{mn} = x^n$, multipliée m de fois par elle-même ; & consequemment $x^{mn} = x^n \times x^n \times x^n \times x^n$, &c. jusqu'à m de fois $= x^{nm}$.

Lemme III. $\frac{x^m}{x^n} = x^{m-n}$, puisque (*Lem.* 1.) $x^n \times x^{m-n} = x^{n+m-n} = x^m$. D'où

COROLL. 1°. Si $m = n$, l'on aura $x^0 = \frac{m}{x^n} = 1$.

2°. Si $m = 0$, l'on aura $\frac{1}{x^n} = x^{0-n} = x^{-n}$. Ce qui fait voir qu'une puissance positive x^n en diviseur, équivaut à elle même negative x^{-n} en multiplicateur ; & réciproquement une puissance négative x^{-n} en multiplicateur, équivaut à elle-même positive en diviseur $\frac{1}{x^n}$.

3°. De même une puiſſance poſitive en multiplicateur, équivaut à elle-même négative en diviſeur. Par exemple $x^{m} = \frac{1}{x^{-m}}$; parcequ'en multipliant le tout par le diviſeur x^{-m}, l'on aura $1 = x^{m-m} = x^{0} = 1$: Reciproquement une puiſſance négative x^{-m} en diviſeur, équivaut à une poſitive x^{m} en multiplicateur.

4°. Il ſuit des nomb. 2, 3, que pour changer un multiplicateur en diviſeur, & réciproquement un diviſeur en multiplicateur, il n'y a qu'à changer le ſigne de l'expoſant de ſa puiſſance, en le faiſant deſcendre au-deſſous de la barre dans le premier cas, & le faiſant monter au-deſſus dans le ſecond; de cette maniere, l'on aura le $= \frac{a}{x^{-m}}$, & $\frac{a}{x^{m}} = ax^{-m}$; puiſque les diviſeurs, multipliant les quotients, donneront de part & d'autre $a = a$.

Lemme IV. Je dis que $\sqrt[m]{x^{n}} = x^{\frac{n}{m}}$. Car ſi l'on éleve chacun de ces termes à la puiſſance m, le premier deviendra x^{n}, & le ſecond (*Lem.* 2.) $x^{\frac{mn}{m}} = x^{n}$ donc effectivement $\sqrt[m]{x^{n}} = x^{\frac{n}{m}}$. Donc, &c.

Autrement $x^{n} = \sqrt[m]{x^{n}} \times \sqrt[m]{x^{n}} \times \sqrt[m]{x^{n}} \times \sqrt[m]{x^{n}} \times$ &c. juſqu'à m de fois $\sqrt[m]{x^{n}}$: De même $x^{n} = x^{\frac{n}{m}} \times x^{\frac{n}{m}} \times x^{\frac{n}{m}} \times x^{\frac{n}{m}} \times$, &c. juſqu'à m de fois $x^{\frac{n}{m}} = x^{\frac{n}{m} + \frac{n}{m} + \frac{n}{m} + \frac{n}{m}} \times$, &c. juſqu'à m de fois $= x^{\frac{mn}{m}} = x^{n}$. donc $\sqrt[m]{x^{n}} = x^{\frac{n}{m}}$.

Suivant cela, l'on aura $\sqrt[2]{x} = x^{\frac{1}{2}}$, $\sqrt[3]{x} = x^{\frac{1}{3}}$ $\sqrt[4]{x^{3}} = x^{\frac{1}{4}}\sqrt{}$, &c.

Page 8, ligne 18, ſur le premier Cas.

On peut encore prouver autrement que $mx^{m-1}dx$ eſt la difference de x^{m}; & le voici par la génération des puiſſances en général. En effet, puiſque x devient $x + dx$, l'on aura $x^{m} = \overline{x + dx}^{m} = x^{m} + mx^{m-1}dx + \frac{m \cdot m-1}{1 \cdot 2} x^{m-2}d^{2}x +$, &c. donc, puiſque $\frac{m \cdot m-1}{1 \cdot 2} x^{m-2}d^{2}x +$ &c. eſt infiniment petit par rapport à $mx^{m-1}dx$, l'on aura auſſi $x^{m} = x^{m} + mx^{m-1}dx$, ainſi $mx^{m-1}dx$ ſera la difference de x^{m}. *Ce qu'il falloit démontrer.*

Page 9 Régle IV.

Suivant cette Régle, la difference de $\overline{ay - xx}^{p}$, sera $= p \times \overline{ay - xx}^{p-1} \times \overline{ady - 2xdx}$.

On le peut encore prouver en supposant $ay - xx = z$, ou $\overline{ay - xx}^{p} = z^{p}$, dont la differentielle est $pz^{p-1}dz$; car restituant les valeurs de z, cette differentielle deviendra $= p \times \overline{ay - xx}^{p-1} \times \overline{ady - 2xdx}$, comme auparavant.

De cette façon, supposant $p = 3$, l'on aura $3 \times \overline{ay - xx}^{2} \times \overline{ady - 2xdx}$ pour la differentielle de $\overline{ay - xx}^{3}$, ainsi que l'Auteur l'a trouvé dans les Exemples qui suivent sa Régle.

De même en faisant $p = \frac{1}{2}$, l'on aura $\frac{1}{2} \times \overline{ay - xx}^{-\frac{1}{2}} \times \overline{ady - 2xdx}$, ou $\frac{ady - 2xdx}{2\sqrt{ay - xx}}$ pour la differentielle de $\overline{ay - xx}^{\frac{1}{2}}$, ou de $\sqrt{ay - xx}$; ainsi que l'Auteur l'a encore trouvé dans les mêmes Exemples.

Page 10 Art. 8.

En général, lorsqu'une formule s'est faite en differentiant toujours positivement, c'est-à-dire, sans changer les signes ; il faut aussi differentier le lieu qu'on y veut appliquer, sans rien changer dans les signes, comme si les grandeurs croissoient ou décroissoient toutes à même tems : & à la fin le résultat sera positif, si effectivement il n'y avoit rien à changer ; ou négatif, s'il y avoit à changer. Ce qui s'observe en posant ce qu'on cherche du côté supposé, si la valeur s'en trouve affirmative, ou du côté opposé, si elle est négative.

REMARQUES.

1°. Une grandeur seule, soit affirmative ou positive, soit négative, est toujours de même valeur, les signes + ou — ne marquant autre chose, sinon qu'il la faudroit ajouter ou retrancher, si elle étoit jointe à une autre, sans rien changer à leur valeur. Ainsi lorsque, x, y, dx, dy, &c. sont seules, elles ne signifient pas davantage que $-x$, $-y$, $-dx$, $-dy$, seules.

2°. Mais quand ces grandeurs sont jointes à d'autres, leurs signes + ou —, marquant qu'il les y faut ajouter, ou qu'il les en faut retrancher, ils changent la valeur des tous ou des restes qui en résultent.

Page 11, Art. 9, ligne 14.

La Courbe est regardée comme l'origine des differences; parceque c'est à mesure que ces differences s'approchent d'elle, qu'on les regarde diminuer. Ainsi c'est dans la Courbe elle-même, que ces différences deviennent $=0$, & par-delà, elles sont négatives.

Page 11, Art. 9, ligne 22.

Voyez Wallis, in Fol. Tom. 3. pag. 692. *Putem præstare*, &c.

Page 11, Art. 9.

REMARQUE

A examiner sur les touchantes.

POUR trouver les touchantes d'une courbe, sans la considerer comme un polygone, on les suppose d'abord comme des sécantes qui à la fin deviennent tangentes. Pour cela, on regarde dx & dy comme des grandeurs indéterminées de quelque valeur, qu'on concevra toujours diminuer à mesure que les ordonnées communes à la Courbe, & à sa sécante, s'approchent jusqu'à ce qu'enfin elles se confondent en une; & en ce
Fig. 3. cas la sécante TM devient tangente en M, si c'est mp

qui s'aproche de *MP* immobile, ou enfin entre *M* & *m*, si c'est *MP* qui s'approche de *mp* immobile; ou enfin entre *M* & *m*, si ces ordonnées s'aprochent toutes deux l'une de l'autre; & en tous ces cas, chacune des grandeurs *MH* (*dx*) parallele à *AP* (*x*), & *mH* (*dy*) devient nulle. C'est pourquoi on rejette tous les termes où *dx* & *dy* se trouvent, excepté ceux qui en sont le moins affectez, les autres n'étant que zero par rapport à eux.

Par-là on satisfait à un scrupule que voici sur le calcul des differences. On nomme (dit-on) les abscisses *AP*, *x*; & les ordonnées *MP*, *y*; ce qui donne $Pp = dx$ & $Hm = dy$. On dit qu'on peut mettre $x + dx$ pour *x*; & $y + dy$ pour *y*, ce qui fait une difficulté: Car *dx*, *dy*, sont ou quelque chose ou zero. Si on les prend pour quelque chose, il ne sera pas vrai de dire (comme l'on fait) que $x + dx = x$, & $y + dy = y$. Si on les prend pour zero, c'est un badinage que de changer *x* en $x + dx$, ou *y* en $y + dy$; & l'on ne doit tirer de $x + dx$, ou de $y + dy$, que ce que l'on tireroit de *x* & de *y*. Fig. 3.

Pour répondre à cette difficulté, l'on ne doit pas dire que $x + dx$ soit $= x$, ni $y + dy = y$; mais que $x + dx$, est une abscisse qui a, dans ce lieu, la même proprieté que *x*, & $y + dy$ la même que *y*: de sorte que l'on pourra faire de $x + dx$, ou de $y + dy$, la même chose que de *x* ou de *y*. Et parcequ'en ce cas *dx* & *dy*, sont quelque chose (autrement la seconde égalité ne seroit que la premiere sans aucun changement, ce qui seroit badin,) toutes ces puissances s'en doivent conserver, tant qu'on demeure dans cette supposition; c'est à dire, tant que les ordonnées *MP*, *mp*, sont distantes l'une de l'autre, quelque peu que ce soit; & dans tout cela *MT*, n'est encore qu'une sécante; mais en considerant ces ordonnées, s'approcher jusqu'à se confondre ensemble, *dx* & *dy*, cessent d'être quelque chose, & deviennent chacune $= 0$; c'est pour cela que les puissances s'en rejettent; & c'est là le cas où la sécante devient tangente.

Page 11, Art. 9.

Remarques sur la Formule $PT = \frac{ydx}{dy}$ *des Soutangentes.*

CEtte Formule donnant $\frac{PT}{y} = \frac{dx}{dy}$, on voit que $\frac{dx}{dy}$ exprime toujours le rapport de la soutangente à l'ordonnée, ce qui renferme trois cas, dont le second a deux parties.

1°. Lorsque les valeurs de *dx* & *dy*, tirées de l'équation proposée sont toutes deux réelles au point donné de la courbe en question ; ce qui est le cas de la presente Section II. qui donne les tangentes concourantes avec l'un & l'autre des axes ou diametres conjugués de la courbe.

2°. Lorsque la valeur d'une de ces deux differentielles *dx* & *dy* est $= 0$, l'autre étant réelle, c'est le cas de la Section III. qui suit celle-ci. Si c'est *dx* qui soit $= 0$, cette sect. 3. donnera les points où les tangentes sont paralleles aux *y* ; & si c'est *dy* qui soit $= 0$, elle donnera les points où les tangentes sont paralleles aux *x* : ce sont les ordonnées qui passent par les uns & les autres de ces points que l'on appelle les *maxima* ou *minima* de la courbe ou de la question.

3°. Lorsque les valeurs de *dx* & de *dy*, sont l'une & l'autre zero dans quelque point de la courbe, c'est le cas de Section IX. laquelle donnant enfin la valeur de $\frac{dx}{dy}$, qui d'abord n'étoit que $\frac{0}{0}$, donne par conséquent aussi la valeur de $\frac{PT}{y}$, c'est-à-dire, le rapport de la soutangente (PT) à l'ordonnée correspondante (y) par le moyen de l'équation $\frac{PT}{y} = \frac{dx}{dy}$ que donne la presente Section II. Article 9.

Page 11, & suiv. Art. 10.

REGLE.

Pour la disposition des Courbes.

SI les differences des ordonnées croissent ou décroissent avec elles, la courbe aura sa convexité tournée du côté de son axe. Si au contraire, lorsque les ordonnées croissent, leurs differences décroissent, & reciproquement; la concavité de la courbe sera tournée du côté de son axe. On suppose dans tout cela que les differences des abscisses sont par-tout égales & constantes, c'est-à-dire, qu'en posant les abscisses $= x$, les dx seront constants.

EXEMPLES.

1°. Soit le lieu $ay = xx$, dont les ordonnées sont $= y$, & les abscisses $= x$, l'on aura $ady = 2xdx$; & par conséquent $dy = \frac{2xdx}{a}$. Mais parcequ'on suppose $\frac{2dx}{a}$ constante, les dy seront comme les x. Donc ils croîtront aussi; & par conséquent la courbe aura sa convexité tournée du côté de son axe.

2°. Si l'on prend $ax = yy$, on aura pour lors $adx = 2ydy$; & par conséquent $\frac{adx}{2y} = dy$. Ainsi en prenant $\frac{adx}{2}$ pour constante, les dy se trouveront en raison réciproque des y; de sorte que les y croissant, les dy décroîtront; & par conséquent la courbe aura ici sa concavité tournée vers son axe.

REMARQUE.

1°. Toutes les courbes dans les lieux desquelles les dimensions, tant des abscisses AF (x), que des ordonnées GF (y) sont paires, ont toutes le contour de celle-ci $BAEACAD$ de maniere que tous ces retours ne se- *Fig. 4.*

ront qu'une même courbe, le tout pouvant être décrit par la même loi, puisque les dimensions paires de x ou de y, ont les mêmes signes que les pareilles de $-x$ ou de $-y$. 2°. Si le nombre des dimensions est impair de part & d'autre, ces courbes seront comme *BAD*. 3°. Si celui des x est pair, & celui des y impair, la courbe sera *BAC*. 4°. Au contraire, si celui des x est impair, & celui des y pair, la courbe sera *BAE*.

De tout cela, il est visible que toute courbe, hors le cercle, peut être rencontrée en quatre points par un cercle.

Page 12, Art. 11. 3°.

Fig. 3. des Infin. Petits. On voit de l'Analogie $dx.\ dy :: my^{m-1}.\ 1$. que supposant $y=o$, comme en *A*, 1°. Si $m>1$, l'on aura $my^{m-1} = mo = o$; & par conséquent en ce cas, la raison de 1 à my^{m-1}, ou de dy à dx, sera infiniment grande. 2°. au contraire, lorsque $m<1$, l'on aura $my^{m-1} = \frac{m}{o}$; & par conséquent en ce cas, la raison de 1 à my^{m-1}, ou de dy à dx, sera infiniment petite.

Page 16, Art. 16.

POUR trouver la courbe qu'exprime l'égalité $\frac{yy}{x} = x\sqrt{\frac{aa+yy}{a}}$ de l'art. 16. Il faut considerer que cette égalité donne $y = \pm\frac{x}{a}\sqrt{\frac{1}{2}xx \pm \frac{1}{2}\sqrt{4a^4+x^4}}$, d'où résultent ces quatre valeurs de y:

$$1°.\ y = +\frac{x}{a}\sqrt{\frac{1}{2}xx + \frac{1}{2}\sqrt{4a^4+x^4}}.$$

$$2°.\ y = -\frac{x}{a}\sqrt{\frac{1}{2}xx + \frac{1}{2}\sqrt{4a^4+x^4}}.$$

$$3°.\ y = +\frac{x}{a}\sqrt{\frac{1}{2}xx - \frac{1}{2}\sqrt{4a^4+x^4}}.$$

$$4°.\ y = -\frac{x}{a}\sqrt{\frac{1}{2}xx - \frac{1}{2}\sqrt{4a^4+x^4}}.$$

Dont les deux dernieres sont imaginaires, puisque quelque

quelque valeur qu'on donne à x, l'on aura toujours $\sqrt{4a^4 + x^4}$ plus grand que xx. Pour dans les deux autres, qui sont réelles, x & y croissent toujours ensemble ; ainsi la premiere étant positive, & la seconde négative, la courbe doit prendre le contour qu'on lui voit ici en EAF de part & d'autre de son axe AC, comme la parabole ordinaire, peut être à quelques inflexions près que je n'ai pas le loisir d'examiner presentement.

Page 19, Art. 21.

PROPOSITION.

SOIT un Triangle quelconque rectiligne ECF, *dont* C *soit le sommet & la base* EF, *sur laquelle tombe* CD, *comme l'on voudra. Des points* N *d'un des côtez* CF, *pris & prolongé à discretion, soient autant de* NP *paralleles à* CD, *lesquelles rencontrent la base en* P, *& l'autre côté en* Q. *Soit pris ensuite sur ces* NP *un point* M, *tel que l'on ait par-tout* $\overline{PQ}^m . \overline{PM}^m :: \overline{PM}^n . \overline{PN}^n$. *Je dis que la courbe* MM, *sera une des sections coniques à l'infini.* Fig. 6. & 7.

DE'MONST. A cause des paralleles (*hyp.*) PN, CD, l'on aura $\overline{PQ}^m . \overline{CD}^m :: \overline{EP}^m . \overline{ED}^m$. & $\overline{PN}^n . \overline{CD}^n :: \overline{PF}^n . \overline{DF}^n$. Donc en multipliant par ordre, $\overline{PQ}^m \times \overline{PN}^n . \overline{CD}^{m+n} :: \overline{EP}^m \times \overline{PF}^n . \overline{ED}^m \times \overline{DF}^n$. Or (*hyp.*) $\overline{PQ}^m . \overline{PM}^m :: \overline{PM}^n . \overline{PN}^n$; & par conséquent $\overline{PQ}^m \times \overline{PN}^n = \overline{PM}^{m+n}$. Donc $PM^{m+n} . CD^{m+n} :: \overline{EP}^m \times \overline{PF}^n . \overline{ED}^m \times \overline{DF}^n$. ou $\overline{PM}^{m+n} . EP^m \times PF^n :: \overline{CD}^{m+n} . \overline{ED}^m \times \overline{DF}^n$.

Ainsi cette derniere raison étant constante, l'on aura partout $\overline{PM}^{m+n} . \overline{EP}^m \times \overline{PF}^n :: \overline{PM}^{m+n} . \overline{EP}^m \times \overline{PF}^n$. ou $\overline{PM}^{m+n} . \overline{PM}^{m+n} :: \overline{EP}^m \times \overline{PF}^n . \overline{EP}^m \times \overline{PF}^n$. Ce qui fait un lieu à l'ellipse (*Fig.* 6.) à l'hyperbole (*Fig.* 7.) & enfin à la parabole, en supofant le point F infiniment éloigné, c'est-à-dire, EF & CF paralleles entr'elles; car alors on auroit les DF par tout égales entr'elles, & par conséquent aussi par tout $\overline{PM}^{m+n} . \overline{PM}^{m+n} :: \overline{EP}^{n} . \overline{EP}^{n}$. Ce qui fait le lieu aux paraboles à l'infini.

Si l'on suppose $m = 1 = n$, l'Analogie générale donnera par tout $\overline{PM}^{2} . \overline{PM}^{2} :: EP \times PF . EP \times PF$. pour le lieu des trois Sections coniques ordinaires de la maniere qu'on le vient de trouver pour ces trois Sections en général & à l'infini.

REMARQUE EN GÉNÉRAL.

SI $\overline{CD}^{m+n} = \overline{ED}^{m} \times \overline{DF}^{n}$, la courbe MM, fera un cercle de tous les genres (*Fig.* 6.) ou une hyperbole équilatere de tous les genres (*Fig.* 7.)

Page 22, Article 26.

PROPOSITION I.

Fig. 12 des Infiniment Petits. SI AM *est une ligne droite, comme* MH, *le reste étant comme dans la Prop. 7. je dis que la courbe* CMD, *sera une hyperbole.*

DÉMONSTRATION.

DES points F, P, M, soient autant de perpendiculaires FK, PL, MN, sur la droite KT, lesquelles la rencontrent en K, N, & HM prolongée en L. Cela fait, soient ces constantes $FK = a$; $PH = b$, $PL = c$; & les variables $KN = x$, $MN = y$. Alors on aura LP (c). $MN (y) :: PH (b)$. $NH = \frac{by}{c}$. Donc $PN = b - \frac{by}{c}$; & par conséquent $KP = x - b + \frac{by}{c}$. Or KP $(x - b + \frac{by}{c})$. $PN (b - \frac{by}{c}) :: KF (a)$. $MN (y)$. Donc $xy - by + \frac{byy}{c} = ab - \frac{aby}{c}$; ce qui est un lieu à l'hyperbole, & *ce qu'il falloit démontrer.*

COROL. Si l'angle H étoit droit, alors MH se confondant avec MN, l'on auroit $PN = PH = b$, & $PL = MN = y$; ce qui feroit $KP (x - b)$. $PN (b) :: KF (a)$. $MN (y)$. Donc $ab = xy - by$, ce qui est encore un lieu à l'hyperbole.

PROPOSITION II.

SI AM *est une parabole que* PL *rencontre en* Q, *toutes choses demeurant comme dessus, excepté que* PA *sera* = b, *&* PQ = c. *Je dis que la courbe* CMD, *aura pour lieu* $xy - by + \frac{by^3}{cc} = ab - \frac{abyy}{cc}$.

DÉMONSTRATION.

A Cause de la parabole (*hyp.*) *QMA*, l'on aura $\overline{PQ}^2$ (cc). $\overline{MN}^2$ (yy) :: PA (b). $NA = \frac{byy}{cc}$. Donc $PN = b - \frac{byy}{cc}$; & par conséquent $KP = x - b + \frac{byy}{cc}$. Or KP ($x - b + \frac{byy}{cc}$). PN ($b - \frac{byy}{cc}$) :: FK (a). MN (y). Donc $xy - by + \frac{byyy}{cc} = ab - \frac{abyy}{cc}$, sera le lieu de la courbe *CMD*. *Ce qu'il falloit démontrer.*

REMARQUE.

IL est à remarquer que cette courbe que l'Auteur appelle la compagne de la parabole, n'est que du troisiême degré, quoique M. Descartes (*Geom. Lib.* 3.) la fasse monter au sixiême.

PROPOSITION III.

SI AM *est un cercle dont* P *soit le centre, il est visible que* CMD *sera la premiere conchiode dont* F *sera le pôle.*

DÉMONTRATION.

PArcequ'alors toutes ces *PM*, *pm*, &c. étant rayons d'un même cercle, seront égales entr'elles.

Pour en trouver le lieu, toutes choses demeurant les mêmes que ci-dessus (*Prop. II.*) l'on aura $PM = PA = b$. Donc $PN = \sqrt{bb - yy}$, & $KP = x - \sqrt{bb - yy}$. Or KP ($x - \sqrt{bb - yy}$). PN ($\sqrt{bb - yy}$) :: FK (a).

MN (y). Donc $xy - y\sqrt{bb - yy} = a\sqrt{bb - yy}$, ou $xy = \overline{a + y} \times \sqrt{bb - yy}$, sera le lieu de cette conchoïde.

PROPOSITION IV.

SI MA *étoit un cercle dont le rayon fût plus grand que* PA, *le lieu de la courbe* CMD, *seroit* $cxy - cby + cry - ab + arc = \mp a \mp y \times \sqrt{rrcc + bbyy - 2rbyy}$, *en supposant le rayon de ce cercle* $= r$.

DÉMONSTRATION.

CAr alors on aura $\overline{LP}^2$ (cc). $\overline{MN}^2$ (yy) :: $2rb - bb$. $2rz - zz$, en supposant aussi *AN* $= z$. Donc $2ccrz - cczz = 2rbyy - bbyy$, ou $zz - 2rz = \frac{bbyy - 2rbyy}{cc}$, ou $zz - 2rz + rr = \frac{rrcc + bbyy - 2rbyy}{cc}$; & par conséquent $z - r = \pm\sqrt{\frac{rrcc + bbyy - 2rbyy}{cc}}$ ou z (*NA*) $= \frac{rc \pm \sqrt{rrcc + bbyy - 2rbyy}}{c}$. Donc *PN* $= \frac{bc - rc \pm \sqrt{rrcc + bbyy - 2bryy}}{c}$; & par conséquent *KP* $= \frac{xc - bc + rc \pm \sqrt{rrcc + bbyy - 2bryy}}{c}$. Or *KP* ($\frac{xc - bc + rc \pm \sqrt{rrcc + bbyy - 2bryy}}{c}$). *PN*) ($\frac{bc - rc \pm \sqrt{rrcc + bbyy - 2bryy}}{c}$) :: *FK* ($a$). *MN* ($y$). Donc $cxy - cby + cry \pm y\sqrt{rrcc + bbyy - 2bryy} = abc - acr \mp a\sqrt{rrcc + bbyy - 2bryy}$, ou $cxy - cby + cry - abc + acr = \mp a \mp y \times \sqrt{rrcc + bbyy - 2bryy}$. *Ce qu'il falloit démontrer.*

Et ainsi des autres courbes pour lesquelles on pourroit prendre *AM*.

Page 24, Art. 28.

Fig. 14 des Infiniment Petits.

SOIT la cyssoïde *FMA*, ayant tiré une droite quelconque *FR*, qui rencontre le cercle génerateur en *N*, sa tangente *BR* en *R*, & la cyssoïde en *M*. La nature de cette courbe est d'avoir par tout *RN* $=$ *FM*; & par conséquent de passer par le point *A* qui divise la demi-circonference circulaire BAF en deux parties égales. Si du point A par le centre G du cercle, on mene AG qui rencontre FR en P; je dis que l'on aura $PN = PM$.

Car à cause des arcs égaux AB, AF, & du centre G, l'on aura non seulement GA parallele à la touchante BR, mais encore $BG = GF$. Donc aussi $RP = PF$, donc en retranchant de part & d'autre des Parties (*hyp.*) égales RN, FM, il restera $PN = PM$. *Ce qu'il falloit démontrer.*

Page 26, avant l'exemple.

REMARQUE SUR LA PROPOSITION IX.

QUAND l'équation proposée a pour indéterminées les arcs mêmes de courbes, c'est par les differentielles de leurs touchantes qu'il faut chercher la touchante de la courbe à laquelle elles ont rapport; parceque cette équation ne donnant que les differentielles de ces courbes, on ne sçauroit trouver celles des ordonnées qu'on leur pourroit imaginer. Par exemple (*Fig.* 15.) les indéterminées de l'équation étant les arcs AN, CP, les differentielles qu'elle donnera, seront Nn, Pp, & point du tout d'autres. Ainsi en vain voudroit-on se servir des ordonnées FN, Fn, ou PM, pm; parceque leurs differentielles ne pouvant se trouver par l'équation donnée, elles demeureroient toujours inconnues, c'est-à-dire, leur rapport; & l'on n'en pourroit jamais rien tirer. Au contraire en faisant MH, MK, paralleles aux tangentes en N, P, les differentielles Nn, Pp, donneront MO, MR, &c. comme dans cette Proposition 9. *Fig. 15. des Infin. Petits.*

REMARQUE

Pour les touchantes où les équations ont plus de deux indéterminées.

1°. IL faut chercher d'abord les différentielles de l'ordonnée & de l'abscisse, lesquelles sont entr'elles comme cette même ordonnée & la soutangente qui lui répond.

2°. Il faut par de pareilles Analogies trouver la valeur des autres différentielles qui se trouvent dans l'équation differentiée, & substituer ces valeurs au lieu de ces differentielles, dans la valeur de la soutangente qu'on vient (*nom.* 1.) de trouver; & alors on aura cette soutangente en termes fort connus & sans différence. Voyez la Proposition IX, &c.

Page 33, ligne 3, après l'Exemple VII.

Fig. 8. TOute courbe AMB, dont les ordonnées CD, CM, sont perpendiculaires entr'elles, peut être aussi regardée comme décrite par le mouvement de quelque stile M qui bande toujours également un fil FMH, attaché à deux foyers F & H infiniment éloignez de la courbe, suivant des lignes MF & MH paralleles à ses ordonnées. En effet, de quelque point M que ce soit de cette courbe, comme centre, & de telle ouverture MC de compas qu'on voudra, qu'on décrive le quart de cercle CQE; si après avoir pris Mm infiniment petite, & fait mR parallele à MH ou DK, l'on divise tellement en O la corde CE de ce quart de cercle, qu'on fasse $CO . OE :: MR . Rm$. la droite MOP sera toujours perpendiculaire à cette courbe.

DÉMONSTRATION.

CAr si l'on fait sur elle les perpendiculaires CL, EN, les triangles semblables CLO, & ENO, donneront $CL . EN :: CO . OE$ (*hyp.*) $:: MR . Rm$. Or à cause que (*construct.*) $MC = ME$, l'on aura CL à EN, comme le ſinus de l'angle CMG au ſinus de l'angle BMG (*construct.*) $= MGC$, c'eſt-à-dire :: $CG \cdot CM$. Donc auſſi l'on aura pour lors $MR \cdot Rm :: CG \cdot CM$; & par conſéquent la droite MQP ſera perpendiculaire AMB. *Ce qu'il falloit démontrer.*

Page 33, Art. 36, lig. 17.

CE n'eſt que pour la ſimplicité de la ſolution qu'on exige ici $PK = MQ$; car par quelque point de PQ qu'on tire une perpendiculaire, telle qu'eſt Ha, la choſe réuſſira. Par exemple, prolongez MR de part & d'autre juſqu'à la rencontre des tangentes PG, QH, en N, L. Soient encore $PM = a$, $MQ = b$, $MN = f$, $ML = g$, & $Op = Rm = Sq = dy$. On aura $PM(a) \cdot MN(f) :: Op(dy) \cdot PO = \frac{fdy}{a}$. De même $MQ(b) \cdot ML(g) :: Sq(dy) \cdot QS = \frac{gdy}{b}$. Donc en imaginant PX parallele à QS, l'on aura $QX = QS - PO = \frac{gdy}{b} - \frac{fdy}{a} = \frac{agdy - bfdy}{ab}$. Or $PQ(a+b) \cdot PM(a) :: QX\left(\frac{agdy - bfdy}{ab}\right) \cdot MZ = \frac{agdy - bfdy}{ab+bb}$. Donc $MR = \frac{agdy - bfdy}{ab+bb} + \frac{fdy}{a} = \frac{aagdy - abfdy + abfdy + bbfdy}{aab+abb} = \frac{aagdy + bbfdy}{aab+abb}$. Or $Rm(dy) \cdot MR\left(\frac{aagdy + bbfdy}{aab+abb}\right) :: PM(a) \cdot PT(t) = \frac{aag + bbf}{ab+bb}$. *Ce qu'il falloit trouver.*

| Fig. 25. des Infiniment Petits.

SCHOL. Si l'on ſe ſert de HK au lieu de ML, la ſolution ſera plus ſimple. Pour cela, ſoit $HK = e$; l'on aura $MQ(b) \cdot ML(g) :: KQ(a) \cdot KH(e)$. Ce qui donne $\frac{be}{a} = g$. De ſorte qu'en ſubſtituant cette valeur de g dans la formule précedente $\frac{aag + bbf}{ab+bb}$ (PT), l'on aura $PT = \frac{ae + bf}{a+b}$ auſſi clair & auſſi ſimple que la formule de l'Auteur.

Page 33, Art. 36. ligne 27.

LEs triangles (*hyp.*) ſemblables PQX, PMZ, donnent $PQ \cdot PM :: QX(QS - PO) \cdot MZ = \frac{\overline{QS - PO} \times PM}{PQ}$. Donc $MR = \frac{\overline{QS - PO} \times PM}{PQ} + PO = \frac{QS \times PM - PO \times PM + PO \times PQ}{PQ}$ $=$ (à cauſe de $PQ - PM = QM$) $= \frac{QS \times PM + PO \times QM}{PQ}$.

Page 33, Article 36, après la derniere ligne.

AUTRE SOLUTION DE CE PROBLÊME.

Fig. 9. LA génération de la courbe CMD, demeurant la même, &c. Soit une droite quelconque HV parallele à PQ, laquelle rencontre en K, N, V, les perpendiculaires OP, RM, SQ, prolongées jusqu'à elle, & en H, L, T, les touchantes PH, ML, QT, des courbes APB, CMD, EQF. Il s'agit donc de trouver la touchante LM de la courbe CMD.

Soit $PM = a$, $MQ = b$, $PQ = c$, PK ou MN, ou $VQ = f$, $HK = h$, $TV = l$, Op ou Rm ou $Sq = dy$. On aura $HK (h) . KP (f) :: Op (dy) . PO = \frac{fdy}{h}$. $TV (l) . VQ (f) :: Sq (dy) . QS = \frac{fdy}{l}$. Donc $QX = \frac{fdy}{l} - \frac{fdy}{h} = \frac{hfdy - lfdy}{hl}$. Or $QP (c) . PM (a) :: QX (\frac{hfdy - lfdy}{hl}$. $MZ = \frac{ahfdy - alfdy}{chl}$, & $MR = \frac{ahfdy - alfdy}{chl} + \frac{fdy}{h} = \frac{ahfdy - afldy + cfldy}{chl}$ (à cause de $c - a = PQ - PM = MQ = b) = \frac{ahfdy + bfldy}{chl}$. Or $MR (\frac{ahfdy + bfldy}{chl}) . Rm (dy) :: MN (f) . LN = \frac{chl}{ah + bl}$ *Ce qu'il falloit trouver.*

Page 35 sur l'Exemple II. Art. 39.

POUR voir que lorsque FQ est une hyperbole, & $ADNP$ un parallelogramme, dont le côté AD est moyen proportionnel entre AE, EF, ou AG, GQ; la courbe LMm est une logarithmique dont la soutangente $PT = AD$.

Il faut considérer que puisque (*hyp.*) les espaces $EFQG = ADNP$, leurs différences $GQqg = NPpn$; & par conséquent $GQ . NP (AD) :: Pp (MR) . Gg (Rm) :: TP . PM$. Or (*hyp.*) $GQ . AD :: AD . AG (PM)$. Donc $AD . PM :: TP . PM$; c'est-à-dire, la soutangente $TP = AD$ constante; & par conséquent la courbe LMm est une logorithmique.

On voit de-là, que pour décrire telle logarithmique qu'on voudra, c'est-à-dire, dont la soutangente soit

telle

telle qu'on voudra : par exemple, égale à AD prise à discrétion. 1°. Il faut prendre encore AE à discrétion, & EF troisiéme proportionnelle à AE, AD. 2°. Entre les asymptotes AC, AE (dont les angles sont ici droits) décrire par le point F l'hyperbole FQ. 3°. Faire telle ordonnée GQ qu'on voudra, & le parallelograme $ADNP = EGQF$. On voit, dis-je, par la démonstration précedente que le point M, dans lequel QG & NP, prolongées se rencontrent, sera un de ceux de la logarithmique cherchée.

Quant à la quadrature de l'espace logarithmique $ZPMZ$, rien n'est plus facile à trouver. Car puisque $-Rm . RM :: PM . PT$, l'on aura $-PT \times Rm = PM \times RM = MPpm$. Donc en integrant, l'on aura $-PT \times PM = -\overline{SMPpm} = ZPMZ$, & non $PMEA$, à cause que cette valeur est négative.

L'on aura de même $PT \times AE = ZAEZ$; & par conséquent $PAEM = PT \times AE - PT \times PM = PT \times GE$.

Il est à remarquer que puisque DA ou PT est moyenne proportionnelle entre AG, GQ, & que les ordonnées logarithmiques donnent PA, AG, il est visible que l'on auroit, 1°, le point Q, & par conséquent l'hyperbole FQ. 2°. L'espace hyperbolique $EFQG = ADNP$, c'est à-dire, la quadrature de cette hyperbole, que la description de la logarithmique suppose.

Comme cette hyperbole FQ sert à décrire la logarithmique EMZ de la maniere qu'on vient de voir, elle en sera d'orénavant appellée *l'hyperbole géneratrice.*

A

PROBLEME.

La Logarithmique EMZ *étant donnée seulement de position par rapport à son asymptote* AZ, *trouver la valeur de sa soutangente* PT *avec son hyperbole génératrice* FQ.

SOLUTION.

Figure 11. AYANT fait une hyperbole équilatere quelconque *XB* entre les Asymptotes *AE*, *AC*, avec *EX* parallele à *AC*, & qui rencontre cette hyperbole en *X*; soit le parallelograme *AEXC* avec une infinité d'ordonnées *PM*, *RL*, *SH*, &c. à la logarithmique, lesquelles soient également distantes entr'elles, & qui rencontrent *EX* prolongée en π, λ, β, &c. Des points *M*, *L*, *H*, &c, où elles rencontrent la logarithmique *EMZ*, soient tirées *MB*, *LD*, *HN*, &c. qui rencontrent, 1° *AE* en *G*, *O*, *K*, &c. 2°. *XC* en μ *V* *Y*, &c. 3°. L'hyperbole *XB* en *B*, *D*, *N*, &c.

Cela fait, il est visible par la nature de la logarithmique, que *AE*, *SH*, *RL*, &c. sont en progression geometrique continue, & que leurs différences *EK*, *KO*, *OG*, &c. suivent aussi la même progression. Donc

1°. *EK* . *EA* :: *KO* . *SH* :: *OG* . *RL*. &c. ou (ce qui revient au même) *EY* . *ES* :: *KV* . *HR* :: $O\mu$. *LP*. &c. Et par ainsi *EY* . *ES* :: *EX*μ*G* (*EX* × *GE*) . *AEPM* (*GE* × *PT*).

2°. Puisque *EK*, *KO*, *OG*, &c. sont en progression geometrique, les espaces hyperboliques *EN*, *KD*, *OB*, &c. sont égaux entr'eux, aussi bien que (*constr.*) *ES* ou $A\beta$, $S\lambda$, $R\pi$, &c. ce qui donne encore *EY* ou *EKNX* . *ES* ou $A\beta$ :: *EGBX* . *EAP*π (*EA* × *AP*).

Donc *EGBX* . *EA* × *AP* :: *EX* × *GE* . *GE* × *PT* :: *EX* . *PT*; & par conséquent $\frac{EA \times AP \times EX}{EG - BX} = PT$. *Ce qu'il falloit, 1°, trouver.*

Soit ensuite prise *EF* troisiéme proportionnelle à *AE*, *PT*; ou *GQ* troisiéme proportionnelle à *AG*, *PT*. Si par le point F ou Q, on décrit l'hyperbole FQ, on voit par la génération de la page précédente, que cette hyperbole sera la génératrice de la logarithmique proposée. *Ce qu'il falloit*, 2°, *trouver.*

On voit que tout cela ne dépend que de la quadrature d'une hyperbole quelconque XB entre les asymptotes AE, AC.

Page 36 sur l'Exemple II. Article 42.

SOIENT $CE = y$ les ordonnées de la spirale logarithmique AEC, du centre C de laquelle & d'un rayon quelconque $AC = r$ soit décrit le cercle AFB, dont les parties infiniment petites $Bb = dx$. Si l'on prend a & m pour des grandeurs quelconques données, la nature de cette spirale sera exprimée par $a^x = y^m$; parceque les x (AFB) ou les angles qu'elles mesurent, croissant arithmétiquement, les a^x, & par consequent aussi les y^m ou les y croissent geométriquement. *Fig. 12.*

Pour trouver presentement la touchante ET de cette spirale, le calcul exponentiel ci-après changera $a^x = y^m$ en $xla = mly$ (L est la caractéristique des logarithmes; de sorte que la, ly, &c. sont les logarithmes de a, y, &c.) Et en differentiant à l'ordinaire, l'on aura $ladx = mdly = \frac{mdy}{y}$. Or en faisant deux rayons CB, Cb, infiniment proches, lesquels rencontrent la spirale en E, e; & faisant ensuite du centre C, l'arc $ED = dz$, avec CT perpendiculaire sur EC, l'on aura $EC\,(y) \,.\, BC\,(r) :: ED\,(dz) \,.\, Bb\,(dx) = \frac{rdz}{y}$. Donc en substituant cette valeur de dx dans l'égalité précédente, l'on aura $\frac{rladz}{y} = \frac{mdy}{y}$ ou $rladz = mdy$; ce qui donne $rla \,.\, m :: dy\,(eD) \,.\, dz\,(ED) :: EC\,(y) \,.\, CT = \frac{my}{rLa}$. D'où l'on voit que les soutangentes (CT) croissent ici comme les ordonnées (EC) correspondantes; & qu'ainsi les triangles rectangles ECT ou eDE, sont par tout semblables, & les angles en E par tout égaux.

COROLLAIRE.

ON voit aussi qu'en faisant *AC*, *EC* infinies en suposant le point *C* infiniment éloigné; ayant alors $r = y$, cette spirale deviendra une logarithmique ordinaire, dont la soutangente ($\frac{my}{rla}$) sera $= \frac{m}{La}$, c'est-à-dire, constante, & par tout la même : son asymptote sera la perpendiculaire en *C* sur la droite *AC*.

M. Varignon ajoute ici: J'ai donné toute cette page à M. Ozanan, *c'est-à-dire, tout cet Eclaircissement sur l'Article 42 de la Section II.*

A la fin de la page 40 ou de la Section II.

PROBLÊME.

Fig. 13. U*Ne courbe quelconque* AED *étant donnée, en trouver une autre aussi quelconque* CEF *d'espece donnée qui touche celle-là en un point donné* E.

SOLUTION.

SOIENT $AB = x$, $CB = v$ les abscisses de ces courbes, & $EB = y$ leur ordonnée commune. Il est visible que l'on aura $dx = eG = dv$; & par consequent aussi les valeurs de dx & de dv trouvées par le moyen de l'équation donnée de *AED*, & de la suposée de *CBF*, donneront une nouvelle équation, dans laquelle il n'y aura d'inconnu que l'abscisse *CB* (v) & le parametre de la courbe cherchée *CEF*; ce qui se trouvera par le moyen des deux autres équations comparées avec celle-ci.

EXEMPLE.

SOIT $ax = yy$ l'équation donnée de la courbe *AED*, & $2rv - vv = yy$ l'équation supposée de la courbe cherchée *CEF*. Leur differentiation donnera $adx = 2ydy = 2rdu - 2vdv$, ou (à cause de $dx = dv$) $a = 2r - 2v$, ou bien encore $v = r - \frac{1}{2}a$. Mais les deux premieres équations donnant $ax = 2rv - vv$, l'on aura aussi $ax = 2rr$

$-ar - rr + ar - \frac{1}{4}aa = rr - \frac{1}{4}aa$; d'où resulte $r = \pm\sqrt{ax + \frac{1}{4}aa}$; & de là aussi $v\ (r - \frac{1}{2}a) = -\frac{1}{2}a \pm \sqrt{ar + \frac{1}{4}aa}$: dans lesquelles valeurs x & a étant données, l'on aura aussi celles de r & de $v\ (CB)$; c'est-à-dire, l'origine C du cercle cherché CBF, avec son rayon $CO = \pm\sqrt{ax + \frac{1}{2}a}$; & ainsi des autres courbes.

Page 41, Section III. sur la Définition premiere.

DE cette Définition il suit, 1°, que lorsque les appliquées d'une courbe croissent jusqu'à l'infini, cette courbe n'a point de *maxima*, à moins que ce ne soit celle de ses appliquées qui devient ainsi infinie. 2°. Que lorsque les appliquées décroissent jusqu'à zero, la courbe n'a point non plus d'autre *minimum* que zero. 3°. Si les appliquées croissent jusqu'à devenir infinies sans diminuer jusqu'à zero, la courbe a toujours un ou plusieurs *minima*, mais point de *maxima*. 4°. Au contraire lorsqu'elles décroissent jusqu'à zero, sans croître jusqu'à l'infini, cette courbe a toujours un ou plusieurs *maxima*, mais point de *minima*. 5°. Enfin, lorsque les appliquées ni ne croissent jusqu'à l'infini, ni ne décroissent jusqu'à zero, la courbe a toujours quelque *maxima* & *minima* tout à la fois.

Page 42, sur l'Exemple I. Art. 48.

SOIT l'égalité $(A)\ y^3 + x^3 = axy$ de la courbe $AM\mu mA$, dont l'axe étant $AB = a$, les abscisses soient $AP = x$, & les ordonnées $PM = y$. L'on aura $(B)\ dy = \frac{aydx - 3xxdx}{3yy - ax}$. Donc Fig. 14.

1°. Si l'on fait $dy = o$, l'on aura $ay - 3xx = o$, ou $y\ (MP) = \frac{3xx}{a}$; ce qui étant substitué dans l'égalité A, donne $x\ (AP) = \frac{a}{3}\sqrt[3]{2}$.

2°. Si l'on fait $dy =$ infin. ou $dx = o$, l'on aura de même $3yy - ax = o$, ou $y\ (\mu\pi)\ \sqrt{\frac{ax}{3}}$; ce qui étant encore substitué dans l'égalité A, donne $x\ (A\pi) = \frac{24}{3}$.

Page 43, sur l'Exemple II. Article 49.

POUR trouver le plus grand ou le plus petit y de l'égalité proposée $y - a = a^{\frac{1}{3}} \times \overline{a - x}^{\frac{2}{3}}$, on voit que l'Auteur la différentie immédiatement sans faire évanouir les signes radicaux ; ce qui lui donne $dy = \frac{-2a^{\frac{1}{3}} dx}{3 \times \overline{a-x}^{\frac{1}{3}}}$, laquelle valeur de dy, égalée à zero, ne donne que $2a^{\frac{1}{3}} dx = o$, qu'il dit ne donner rien. C'est pour cela que l'Auteur l'égale à l'infini ; ce qui lui donne $3 \times \overline{a - x}^{\frac{1}{3}} = o$, ou $x = a$. Il est pourtant à remarquer que $dy = o$, donnant $2a^{\frac{1}{3}} dx = o$, ne le donne que par raport à $3 \times \overline{a - x}^{\frac{1}{3}}$ infini par rapport à $2a^{\frac{1}{3}} dx$; ce qui rend x infinie, & conséquemment aussi y infinie, change l'équation donnée en $y = a^{\frac{1}{3}} x^{\frac{2}{3}}$ ou $y^3 = axx$; d'où résulte $x = \pm \sqrt{\frac{y^3}{a}}$; & conséquemment deux *maxima* infinis PM (y).

Il paroît cependant qu'en faisant évanouir les signes radicaux de l'égalité proposée $y - a = a^{\frac{1}{3}} \times \overline{a - x}^{\frac{2}{3}}$ avant que de la differentier, il en résultera une valeur de dy, laquelle égalée à zero, donne encore $x = a$; car en faisant évanouir les signes radicaux, cette égalité devient $y^3 - 3ayy + 3aay - a^3 = a^3 - 2aax + axx$; ce qui donne $3yydy - 6aydy + 3aady = 2aadx + 2axdx$. Et par conséquent $dy = \frac{2axdx - 2aadx}{3yy - 6ay + 3aa}$, laquelle valeur de dy, égalée à zero, donne $2axdx - 2aadx = o$; & par ainsi encore $x = a$, c'est-à-dire, la même que ci-dessus, qu'on égaloit à l'infini. Comment accorder cela ?

Pour l'accorder, il faut remarquer que cette derniere valeur de dy ; sçavoir $dy = \frac{2axdx - 2aadx}{3yy - 6ay + 3aa}$, a pour diviseur commun de l'un & de l'autre de ses termes, $a^{\frac{2}{3}} \times$

$\overline{a-x}^{\frac{1}{3}}$. Car en substituant la valeur de y, que donne l'égalité proposée $y - a = a^{\frac{1}{3}} \times \overline{a-x}^{\frac{2}{3}}$ ou $y = a^{\frac{1}{3}} \times \overline{a-x}^{\frac{2}{3}} + a$, l'on aura $3yy - 6ay + 3aa = 3a^{\frac{2}{3}} \times \overline{a-x}^{\frac{4}{3}}$; & par conséquent $dy = \frac{2axdx - 2aadx}{3a^{\frac{2}{3}} \times \overline{a-x}^{\frac{4}{3}}} = \frac{-2a^{\frac{3}{3}} \times \overline{a-x}^{\frac{3}{3}} \times dx}{3a^{\frac{2}{3}} \times \overline{a-x}^{\frac{4}{3}}} = \frac{-2a^{\frac{1}{3}}\, dx}{3 \times \overline{a-x}^{\frac{1}{3}}}$, qui ne donne ED qu'en le faisant égal à l'infini.

Ainsi si $dy = \frac{2axdx - 2aadx}{3yy - 6ay + 3aa}$ donne quelque chose en l'égalant à zero, ce n'est que ce que donneroit $dy = \frac{-2a^{\frac{1}{3}}\, dx}{3 \times \overline{a-x}^{\frac{1}{3}}}$ si après avoir multiplié l'un & l'autre terme de cette fraction par $a - x$ ou $\overline{a-x}^{\frac{3}{3}}$, on l'égaloit à zero; ce qui ne donneroit pas davantage qu'avant cette multiplication: autrement la valeur de x deviendroit arbitraire, puisque le tout se peut multiplier de même par $a - px$, ce qui (en l'égalant à zero) donneroit $a = px$. D'où l'on voit que cette découverte seroit plûtôt une suite de ce multiplicateur commun, égalé à zero, que de la valeur de dy, égalée de même à zero.

Il est visible que $y - a = a^{\frac{1}{3}} \times \overline{a-x}^{\frac{2}{3}}$, est une équation à une seconde parabole cubique; puisqu'en faisant $y - a = z$, & $a - x = v$, l'on aura $z = a^{\frac{1}{3}} v^{\frac{2}{3}}$, ou $z^3 = avv$.

Pour la construction de cette parabole soit le quarré $ABCD$, dont le côté $AB = a$, $BF = x$, $EG = y$. Alors on aura $AF = a - x = v$, & $FG = y - a = z$; ainsi si l'on fait sur l'axe AK une seconde parabole cubique AGH, dont l'équation soit $AB \times \overline{AF}^2 = \overline{FG}^3$, Fig. 6.

elle donnera aussi $avv = z^3$, ou $a \times \overline{a - x}^2 = \overline{y - a}^3$, ou enfin $a^{\frac{1}{3}} \times \overline{a - x}^{\frac{2}{3}} = y - a$ qui est l'équation proposée.

Si au lieu de prendre AB pour l'axe on prend CD, l'on aura $CE = x$ dont C sera l'origine, & $EG = y$, lequel en D deviendra un *minimum* $= AD = a$, & alors CE (x) sera aussi $= CD = a$, conformément à ce qu'on vient de trouver.

PROBLÊME

TROUVER une plus grande dans une courbe rebroussante, comme page 165 des Infiniment Petits.

PROBLÊME.

Fig. 16. TROUVER les *maxima* ou *minima* de la courbe FBf exprimée par l'équation $xx + 2nn = n\sqrt{ny - nn} + n\sqrt{ny - 2nn}$.

SOLUTION.

1°. CETTE équation différentiée donnera $2xdx = \frac{nndy}{2\sqrt{ny - 2nn}} + \frac{nndy}{2\sqrt{ny - 2nn}}$ (pour abreger soit $z = \frac{nn}{2\sqrt{ny - nn}} + \frac{nn}{2\sqrt{ny - 2nn}}$) $= zdy$. Donc $\frac{dx}{dy} = \frac{z}{2x}$; donc en faisant $dy = 0$ par rapport à dx, l'on aura aussi $x = 0$; mais l'égalité proposée donne $x = \pm\sqrt{-2nn + n\sqrt{ny - nn} + n\sqrt{ny - 2nn}}$; donc cette valeur de x est aussi pour lors $= 0$; & par conséquent aussi $2n = \sqrt{ny - nn} + \sqrt{ny - 2nn}$, ou $4nn = 2ny - 3nn + 2\sqrt{nnyy - 3n^3y + 2n^4}$, ou bien aussi $7nn - 2ny = 2\sqrt{nnyy - 3n^3y + 2n^4}$; donc $49n^4 - 28n^3y + 4nnyy = 4nnyy - 12n^3y + 8n^4$; ce qui se reduit à $41n^4 - 16n^3y = 0$, ou $y = \frac{41}{16} \times n$. Voilà pour le *minimum* (y) qui répond à une tangente parallele aux x; & ce qui fait voir en même temps qu'il n'y en a point d'autre, ni aucun *maximum* qui réponde à de telles paralleles aux x.

2°. Pour

2°. Pour voir presentement s'il n'y en a point qui répondent à des tangentes paralleles aux y, il faut faire $dx = o$ par rapport à dy dans la differentielle $2xdx = \frac{nndy}{2\sqrt{ny-nn}} + \frac{nndy}{2\sqrt{ny-2nn}} = \frac{ndy\sqrt{ny-2nn}+ndy\sqrt{ny-nn}}{2\sqrt{yy-3ny+2nn}}$; ce qui rend cette fraction $\frac{n\sqrt{ny-2nn}+n\sqrt{ny-nn}}{2\sqrt{yy-3ny+2nn}} = o$; & par conséquent aussi $\sqrt{ny-2nn} + \sqrt{ny-nn} = o$. Ce qui donneroit alors $2nn = nn$ ou $2 = 1$; ce qui est contradictoire: donc la courbe n'a ni *maxima*, ni *minima* qui répondent à des paralleles aux y, & *le minimum* $AB(y) = \frac{41}{16}n$ qui répond à une tangente parallele aux x, est l'unique qu'elle ait.

3°. Il est à remarquer que la précedente differentielle $2xdx = \frac{ndy\sqrt{ny-2nn}+ndy\sqrt{ny-nn}}{2\sqrt{yy-3ny+2nn}}$, donnant aussi $dy = \frac{4xdx\sqrt{yy-3ny+2nn}}{n\sqrt{ny-2nn}+n\sqrt{ny-nn}}$, la supposition premiere de $dy = o$, auroit aussi donné $4x\sqrt{yy-3ny+2nn} = o$; & par conséquent aussi $x = o$, ou $\sqrt{yy-3ny+2nn} = o$, ou tous les deux ensemble: la question est de sçavoir lequel des trois est le vrai. Je dis que c'est $x = o$ qu'il faut prendre; parceque la differentielle primitive & immédiate $2xdx = \frac{nndy}{2\sqrt{ny-nn}} + \frac{nndy}{2\sqrt{ny-2nn}}$ de l'égalité $xx + 2nn = n\sqrt{ny-nn} + n\sqrt{ny-2nn}$ donne $dy . dx :: 2x . \frac{nn}{2\sqrt{ny-nn}} + \frac{nn}{2\sqrt{ny-2nn}}$. Donc dans le premier cas de $dy = o$, c'est x qui est $= o$, & non $\sqrt{yy-3ny+2nn}$

dans le produit $4x\sqrt{yy-3ny+2nn}$, qu'on vient de voir être $=o$.

Telle est la maniere de discerner laquelle de ces deux racines $4x$, ou $\sqrt{yy-3ny+2nn}$, le rend $=o$, étant elle même $=o$.

C'est là précisément que se méprit M. l'Abbé Galois le Samedi 7 Mars 1706, qu'il proposa à l'Académie l'équation dont il s'agit ici pour en trouver par le moyen de l'Analyse des Infiniment Petits, les *maxima* & *minima*, disant qu'elle ne lui donnoit pour cela que des imaginaires & des contradictions; mais on voit que c'étoit sa faute, & non celle de cette Analyse qui nous vient de donner tout ce qu'en a la courbe exprimée par cette équation; & cette faute de Monsieur l'Abbé Galois venoit d'avoir pris $\sqrt{yy-3ny+2nn}=o$, au lieu de $x=o$, dans le produit $4x\sqrt{yy-3ny+2nn}$, que le cas de $dy=o$ rendoit aussi $=o$. Cette remarque pourra peut-être avoir lieu dans d'autres occasions où il s'agiroit de sçavoir laquelle des racines d'un produit $=o$, doit aussi être faite $=o$.

Page 45. Exemple V. Article 52, ligne 12.

L'Egalité $y=\frac{aac+acx-aax-axx}{bx-xx}$, donne la différentielle $dy=\frac{acxx-abxx-aaxx+2aacx-aabc}{\overline{bx-xx}^2}\times dx$. Donc

1°. Si l'on fait $dy=o$, l'on aura $acxx-abxx-aaxx+2aacx-aabc=o$, ou $xx+\frac{2acx}{c-b-a}=\frac{abc}{c-b-a}$; ce qui donne $x=\frac{-ac\pm\sqrt{aac+ab-bcc-abbc-aabc}}{c-b-a}$.

2°. Si l'on fait $dy=$ infini ou $dy=o$, l'on aura aussi $bx-xx=o$, ou $x=\left\{\begin{matrix}b\\a\end{matrix}\right.$

Il faut chercher la courbe exprimée par la premiere égalité.

Page 46, ligne 18, Article 53.

L'Egalité $y = \frac{\sqrt{aaxx - ax^3}}{a}$ donne $dy = \frac{2aaxdx - 3axxdx}{2a\sqrt{aaxx - ax^3}} = \frac{2adx - 3xdx}{2\sqrt{aa - ax}}$. Donc:

1°. Si l'on fait $dy = 0$, l'on aura $2a - 3x = 0$, ou $x = \frac{2a}{3}$; ce qui substitué dans l'égalité proposée, donne $y = 2a\sqrt{\frac{1}{27}}$.

2°. Si l'on fait $dy =$ infin. ou $dx = 0$, l'on aura $\sqrt{aa - ax} = 0$, ou $x = a$; ce qui substitué dans l'égalité proposée, donne $y = 0$.

Page 49. Exemple X. Art. 58, ligne 13.

POUR prouver que les triangles *HDE* & *KLE* sont semblables, il faut considerer que les angles *CEG* & *FEG* étant égaux, l'on aura aussi les angles $ECO + EOC = EFO + EOF$, c'est-à-dire, (*hyp.*) $HEO + HOE = KEO + KOE$. Or à cause du parallelogramme *DL*, l'on aura aussi $DEO + HOE = LEO + KOE$. Donc en retranchant les angles précèdens de ceux-ci, il restera $DEH = LEK$. De plus les angles *D* & *L* sont égaux; donc les triangles *HDE* & *KLE* sont semblables. *Ce qu'il falloit démontrer.* *Fig. 42 des Infin. Petits.*

Page 51, Exemple XII, Article 60, ligne 5.

EN géneral & dans quelque ligne que les points *C*, *B*, soient situez, soient encore $CF = a$, $DFB = b$, $CE = x$ de plus $CG = c$, $CB = m$, $BG = n$; & le reste comme dans l'Article 60, & la Fig. 44 des Infin. Petits. *Figure 17.*

L'on aura $EF = \sqrt{aa - xx}$, & $BF\ (\sqrt{\overline{EG}^2 + \overline{EF + BG}^2}) = \sqrt{cc - 2cx + xx + aa - xx + nn + 2n\sqrt{aa - xx}}$; donc

$FD = b - \sqrt{mm - 2cx + aa + 2n\sqrt{aa - xx}}$; & par conséquent $ED = b + \sqrt{aa - xx} - \sqrt{mm - 2cx + aa + 2n\sqrt{aa - xx}}$ qui doit être un plus grand. Ainsi sa différence

$$\frac{-xdx}{\sqrt{aa - xx}} + \frac{cdx\sqrt{aa - xx} + nxdx}{\sqrt{aa - xx} \times \sqrt{mm - 2cx + aa + 2n\sqrt{aa - xx}}} = 0.$$

Et par conséquent $xdx\sqrt{mm - 2cx + aa + 2n\sqrt{aa - xx}} = cdx\sqrt{aa - xx} + nxdx$. Donc en quarrant & en réduisant le tout, il viendra $2nxx - 2cnx \times \sqrt{aa - xx} = 2cx^3 - ccxx - aaxx + aacc + nnxx - mmxx$ (à cause de $cc = mm - nn$) $= 2cx^3 - 2ccxx - aaxx + aacc$. Et en divisant le tout par $x - c$, l'on aura $2nx\sqrt{aa - xx} = 2cxx - aax - aac$. Enfin en quarrant le tout, il viendra l'égalité $4mmx^4 - 4aacx^3 + \begin{matrix} a^4x^2 \\ -4a^2m^2x^2 \end{matrix} + 2a^4cx + a^4cc = 0$, dont une des racines fournit pour CE une valeur telle que la perpendiculaire ED passe par la poulie F, & le plomb D, lorsqu'ils sont en repos.

Il est visible que si CB étoit horizontale ou BG (n) $= 0$, alors on auroit $CB = CG$ ou $m = c$; ce qui réduiroit cette égalité à $4ccx^4 - 4aacx^3 + \begin{matrix} a^4x^2 \\ -4a^2c^2x^2 \end{matrix} + 2a^4cx + a^4cc = 0$, dont la racine quarrée seroit $2cxx - aax - aac = 0$, qui est la même que celle de la page 52 de l'Analyse des Infiniment Petits.

Page 52, ligne 5, Article 60.

AUTREMENT.

Figure 17. IL est visible qu'en cas d'équilibre, l'on aura les angles $CFD = CFB$. Soit $CHF = CFD$; donc l'angle $KHF = KFC$. De plus l'angle CKF est commun aux triangles KHF & KFC; ainsi ces triangles sont semblablés, de même que HFC, FBC. Donc $CB\,(m) . CF\,(a) :: CF\,(a) . CH = \frac{aa}{m}$. Et appellant $CK = v$, $KF = z$, l'on aura aussi $CK\,(v) . KF\,(z) :: KF\,(z) . HK\,(v - \frac{aa}{m}$. Donc $vv - \frac{aav}{m} = zz$.

Pour changer présentement les indéterminées v & z en x, il faut dire $BC\,(m) . CK\,(v) :: BG\,(n) . KB = \frac{vn}{m} :: CG\,(c) . CE\,(x) = \frac{cv}{m}$. Donc $v = \frac{mx}{c}$.

De plus $EF\,(\sqrt{\overline{CF}^2 - \overline{CE}^2}) = \sqrt{aa - xx}$. Donc $KF\,(z) = \frac{nv}{m} + \sqrt{aa - xx}$ (à cause de $v = \frac{mx}{c}$) $= \frac{nx}{c} + \sqrt{aa - xx}$, ou $\frac{nnxx}{cc} + \frac{2nx}{c}\sqrt{aa - xx} + aa - xx = zz = vv - \frac{aav}{m} = \frac{mmxx}{cc} - \frac{aax}{c}$, ou $nnxx - mmxx + aacc - ccxx + aacx = -2ncx\sqrt{aa - xx}$, ou (en substituant $c^2 = m^2 - n^2$, & divisant ensuite le tout par c) $aac - 2cxx + aax = -2nx\sqrt{aa - xx}$; & en quarrant, $a^4cc - 4aaccxx + 4ccx^4 + 2a^4xc - 4aacx^3 + a^4xx = 4aannxx - 4nnx^4$ Donc en substituant $mm = cc + nn$, l'on aura $4m^2x^4 - 4aacx^3 + a^4xx + 2a^4cx + a^4c^2 = 0$, qui est la même
$-4a^2m^2xx$
égalité que ci-dessus, page précédente ligne 19.

Page 55, Avertissement, ligne 7.

Ainsi ddy exprimera Hn; $dddy$, $Lo - Hn$, ou $Hn - Lo$, &c.

Page 57, Corollaire II, Article 64, ligne 4.

La petite droite Mm, c'est-à-dire la touchante Mm.

Page 57, Corollaire II, Article 64, ligne 10.

Cela revient à la définition premiere de la Section IV. page 55 de l'Analyse des Infiniment Petits, parceque MR & mS, étant (*hyp.*) paralleles & égales, la droite RS tirée par R & S, se trouveroit parallele à mH; ainsi (selon la définition premiere pag. 55, de l'Analyse des Infiniment Petits) Hn seroit la différence des grandeurs mR, SH qui seroient alors égales : mais indépendemment de

Fig. 46 des Infin. Petits. cette définition. Les triangles MRm & mSH étant semblables, & leurs bases MR & mS égales, c'est une conséquence necessaire que Rm soit $= SH$, & qu'ainsi Hn en soit la difference.

Page 58, ligne 5, Corollaire II. Art. 64, 2°.

Fig. 50 & 51 des Infin. Petits. L'Auteur prend MR, mS égales entr'elles pour des dx constantes, afin d'avoir les differentielles de dy, dv, c'est à dire, pour avoir ddy, ddv. Dans la pratique j'aimerois mieux prendre sur un cercle quelconque décrit du centre B, des différentielles égales qui feroient des dx constantes; & de là viendroient MR, mS, par proportion.

REMARQUE.

Fig. 18. & 19. QUand les différences secondes des y sont du même côté de la courbe que les différences premieres, elles sont positives: si elles sont du côté opposé, elles sont négatives. Par exemple (*Figure* 18.) les Bb (dx) étant constantes, l'on aura gr (dy) $= SR$; ainsi SG sera la différence de gr (dy) à GR (dy): mais parceque cette seconde différence SG (ddy) est du même côté de la courbe que les premieres GR, gr, elle sera positive. Au contraire (*Figure 19.*) SG (ddy) se trouvant dans cette seconde Figure de l'autre côté de la courbe par rapport à RG (dy), elle sera négative.

Page 58, ligne 15, Art. 64, 2°.

Donc l'angle $smH = RMm$.

Fig. 50 & 51. des Infin. Petits. Cela se peut encore prouver autrement en prolongeant mE & Bn jusqu'à ce qu'elles concourent en L; & en faisant LO parallele à Bm. Car l'angle mHS étant exterieur par rapport au triangle mHL, l'on aura cet angle $mHS = HmL + mLH$ (*hyp.*) $= mBL + mLH =$ (à cause de mB & LO paralleles) $= BLO + mLH = OLm = OLM = MmR$. Ainsi les angles S & R étant (*hyp.*)

droits, l'on aura auſſi l'angle $HmS = mMR$, & ces triangles ſemblables. *Ce qu'il falloit démontrer.*

Page 59 ligne derniere, après la définition II.

Ci-après, Art. 109, il y a encore une autre eſpece de rebrouſſement.

Page 60, Article 66 ligne 10.

Examinez ci-aprés l'article 191, il pourra peut-être ſervir à reconnoître ſi c'eſt un point d'infléxion ou de rebrouſſement.

Page 60, Article 66, ligne 11. 1°. Dans les courbes, &c.

1°. LOrſque F eſt un point d'infléxion, on trouve que AL eſt *un plus grand*; & par conſéquent ſa differentielle $M = o$. *Fig. 52, 53 des Infin. Petits.*

2°. Lorſque F eſt un point de rebrouſſement, c'eſt AE qui eſt *un plus grand*, & par conſéquent auſſi ſa différentielle eſt $= o$; (ou ce qui revient au même) la différentielle de AL ſe trouve alors infinie par rapport à elle de AE.

Donc pour avoir le point F d'infléxion ou de rebrouſſement, il faut toujours faire la différentielle de AL égale à zero ou à l'infini; égale à zero pour le point d'infléxion, & égale à l'infini pour le point de rebrouſſement.

Remarquez que de $-\frac{yddy}{dy^2} = o$, l'on conclut $ddy = o$; parceque dans $-\frac{yddy}{dy^2} = o$, il eſt viſible que ce n'eſt pas dy^2 qui eſt $= o$, autrement cette fraction ſeroit infinie; ce n'eſt pas non plus y qui ſoit $= o$, puiſque $y > dy^2$. Donc c'eſt $ddy = o$.

Remarquez auſſi que dans tout ceci ce n'eſt que AL qu'on traite de plus grand, & non AE; & qu'ainſi ceci ne regarde que le point d'infléxion, & non de rebrouſſement. Il faut examiner ceci.

Page 60, Art. 66, 2°. ligne 7.

Or si l'on nomme, &c.

Fig. 51 52. des Infin. Petits.

1°. SI *B* est l'origine des x au-dedans de la courbe, *AL* sera un *plus grand*, lorsque *F* sera un point d'inflexion, & *AE* un *plus petit*, lorsque ce point *F* sera un point de rebroussement; & l'on aura pour lors *AL* ou $AT = x - \frac{ydx}{dy}$.

2°. Au contraire, si *C* est l'origine des x hors de la courbe, *AL* sera un *plus petit*, lorsque *F* sera un point d'inflexion, & *AE* un *plus grand*, lorsque le point *F* sera un point de rebroussement; & l'on aura pour lors, comme ci-dessus, *AL* ou $AT = x - \frac{ydx}{dy}$.

REMARQUE.

ON trouve $ddy = 0$, ou $ddy =$ à l'infini dans le point *F*. Pour discerner si ce point est d'inflexion ou de rebroussement, il faut supposer des x plus grandes & ensuite moindres que *AE*; & si l'on y trouve des ordonnées par-delà *F*, ce point sera d'inflexion; si l'on trouve qu'elles reviennent du côté de *M*, ce point *F* sera de rebroussement.

Page 60, Article 66, 2°. ligne 11.

De sorte que multipliant, &c.

L'Auteur ayant trouvé $-\frac{yddy}{dy^2} = 0$, le divise par $-\frac{y}{dy^2}$, & il trouve $ddy = 0$, ce qui peut faire d'abord quelque difficulté. Car pourquoi (dira-t-on) le divise-t-il par $\frac{-y}{dy^2}$, & non pas par $-\frac{ddy}{dy^2}$, ou par $-ddy$, ou par $-y$, ou pourquoi ne le multiplie-t-il pas par dy, &c.?

La réponse est facile. Car puisque $-\frac{yddy}{dy^2} = 0$, marque

que $-yddy = 0$, & que cependant $-y$ est réel ; il faut que ce soit ddy qui soit $= 0$, ainsi l'Auteur a eu raison de diviser $\frac{-yddy}{dy^2}$ par $\frac{-y}{dy^2}$.

Voilà pour le cas où $-\frac{yddy}{\overline{dy}^2}$ est $= 0$. Quant à celui où $-\frac{yddy}{\overline{dy}^2}$ est $= \frac{a}{0}$ infini absolu ; il est pareillement visible qu'il donne $ddy = \frac{a\overline{dy}^2}{y0} = \frac{a\overline{dy}^2}{0}$ infini absolu.

Remarquez la différence qu'il y a entre un *infini absolu* & un *infini relatif* : l'infini absolu, c'est le quotient d'une grandeur quelconque, divisée par un veritable zero, comme $\frac{a}{0}$, $\frac{a\overline{dy}^2}{0}$, &c. Et l'infini relatif, c'est le quotient d'une grandeur divisée par une autre également réelle, mais infiniment petite par rapport à elle, comme $\frac{a}{dx}$. Or il est visible que lorsque $\frac{-yddy}{\overline{dy}^2}$, n'est pas $= 0$, il doit être $= \frac{a}{0}$ infini absolu ; car si $\frac{-yddy}{\overline{dy}^2}$ étoit $= \frac{a}{dx}$ *infini relatif*, l'on auroit $ddy = -\frac{a\overline{dy}^2}{ydx}$ infiniment petit, au lieu d'être infini, comme il le doit être, quand il n'est pas $= 0$. Donc alors $ddy = \frac{a}{0}$ infini absolu.

Pour bien sentir la différence qu'il y a entre l'infini absolu $\frac{a}{0}$, & l'infini relatif $\frac{a}{dx}$; il faut considerer que quelque grandeur m qui divise $\frac{a}{0}$, infini absolu, elle donnera toujours $\frac{a}{m0} = \frac{a}{0}$ infini absolu ; au lieu que divisant $\frac{a}{dx}$, infini relatif, elle le changera en $\frac{a}{mdx}$ fini si m est aussi un *fini relatif*.

Article 66, 2°. *Page* 61, *ligne* 6.

L'origine *A* des x, &c.

SI l'on remarque (*Fig.* 57. des Infin. Petits) que *BT* décroît à mesure que *BM* croît, au lieu que dans la Fig. 56, *BT* croît aussi ; l'on aura (*Fig.* 57.) *Ht* négative pendant qu'elle sera positive dans la Fig. 56, comme les *mR* sont

& dans l'autre. Donc (*Figure* 57.) l'on aura $Ht = \frac{-dxdy^2 + ydxddy}{dy^2}$, & partant $Ht - Ho$ ou Ot sera $= \frac{-dxdy^2 + ydxddy - dx^3}{dy^2} = o$; ou à l'infini ; ce qui revient à $\frac{dxdy^2 + dx^3 - ydxddy}{dy^2} = o$, ou à l'infini ; comme on l'a trouvé page 62, Figure 56, des Infin. Petits.

Article 66, Page 62, ligne premiere.

En supposant dx constante.

Fig. 56 des Infin. Petits. SI l'on suppose dy constante, la différence de BT $(\frac{ydx}{dy})$ sera $Bt - BT$ ou $Ht = -\frac{dydx + yddx}{dy}$, & partant $OH + Ht$ ou $Ot = \frac{dx^3}{dy^2} + \frac{dydx + yddx}{dy} = \frac{dx^3 + dy^2dx + ydyddx}{dy^2}$. D'où il suit en multipliant par dy^2, que la valeur de $dx^3 + dy^2dx + ydyddx$ sera nulle ou infinie sous le point d'inflexion ou de rebroussement F.

Page 63, Art. 67, ligne premiere.

Nota. *A la tête de cet Eclairciſſement qui ne comprenoit d'abord que le 1°. & le 2°. M. Varignon avoit mis ces mots*, à examiner, *qui montrent qu'il n'étoit pas content de ces deux remarques, & qu'il vouloit encore examiner cet Article. L'ayant fait dans la ſuite, il ajouta le 3° qui ſuit ſous le titre de* difficulté, *& qui eſt écrit poſterieurement d'une autre plume & d'une autre encre que le 1°. & le 2°. Il a fallu remarquer ceci afin qu'on ne ſoit point ſurpris de l'oppoſition qui ſe trouve entre ce qu'il dit au 1°. & ce qu'il dit au 3°.* Secundæ curæ meliores.

1°. FIgure 52, 53, des Infin. Petits. Lorsque $ddy = o$, le point F est d'infléxion ; & lorsque $ddy =$ à l'infini, ce point F est de rebroussement ; puisque dans le premier cas, la différentielle de AL se trouve nulle par rapport à celle de AE, & infinie dans le second.

2°. De même Fig. 54, 55, 56, 57, des Infin. Petits.

Lorsque $dx^2 + dy^2 - yddy = o$, le point F est d'infléxion; & lorsque $dx^2 + dy^2 - yddy =$, à l'infini, ce point F est de rebroussement : parceque dans le premier cas la différence (Ot) de BT se trouve nulle par rapport à dx, & infinie dans le second.

DIFFICULTE'.

3°. REMARQUE : $ddy =$ à l'infini est si peu une marque sûre du point de rebroussement d'une courbe, que ce $ddy =$ à l'infini se trouve dans plusieurs non rebroussées. Par exemple dans la Roulette allongée de l'article 70, Fig. 59, des Infin. Petits, on trouve pour cette courbe $ddy = \frac{bcx - acc - bcc}{2cx - xx \times \sqrt{2cx - xx}} \times dx^2$ qui, en prenant $ddy =$ à l'infini, donneroit $2cx - xx = o$, & conséquemment $x = 2c$, quoique cette courbe ne soit point rebroussée : cela prouve seulement qu'elle est touchée par sa derniere ordonnée BK en son extrémité K, ou qu'en ce point elle a $ddy =$ à l'infini.

De même dans la courbe AEF, telle que faisant un demi cercle ADB, le prolongement CE de son ordonnée DC, soit par tout $= AD$; si l'on prend $AB = 2a$, $AC = x$, & $CE = y$; le cercle ayant $CD = \sqrt{2ax - xx}$, & son arc $AD = \int \frac{adx}{\sqrt{2ax - xx}}$, l'équation de la courbe AEF sera $y = \int \frac{adx}{\sqrt{2ax - xx}}$, ou $dy = \frac{adx}{\sqrt{2ax - xx}}$; ce qui (en prenant dx constante) donnera $ddy = \frac{axdx^2 - aadx^2}{2ax - xx \times \sqrt{2ax - xx}}$. Si donc on prend ici $ddy =$ à l'infini, l'on y aura $2ax - xx = o$, ou $x = 2a$: cependant la courbe AEF n'a point de point de rebroussement. Ainsi $ddy =$ à l'infini prouve seulement ici qu'elle est touchée en son extrémité F par sa derniere ordonnée BF, ou qu'en ce dernier point F elle a $ddy =$ à l'infini. Fig. 10.

De même encore $ddy =$ à l'infini dans l'équation $ddy = \frac{-aadx}{2ax - xx \times \sqrt{2ax - xx}}$ resultante de celle du cercle en y prenant ses ordonnées $= y$, & dx constante, donnant aussi $2ax - xx = o$, ou $x = 2a$, marque seulement que la touchante du cercle à l'extrémité de son diametre, est parallele à ses ordonnées, ou qu'à cette extrémité de son diametre, il a $ddy =$ à l'infini.

Et ainsi de plusieurs autres courbes où $ddy =$ à l'infini, marquera seulement des tangentes paralleles à leurs ordonnées sans aucun point de rebroussement. Donc, quoiqu'il y en ait d'effectivement rebroussées aux points déterminez par $ddy =$ à l'infini, comme dans la deuxiéme parabole cubique de l'article 69 des Infin. Petits, ce ddy $=$ à l'infini n'en est pas une marque sûre: aussi la tangente en ce point est-elle parallele aux ordonnées de cette parabole dans cet art. 69.

Page 64, Exemple II, Article 69,

L'Auteur ne dit point si c'est ici un point de rebroussement ou d'infléxion.

Page 67, Exemple V, Article 72, ligne 18.

L'Auteur donne $\frac{a+\sqrt{aa-8ab}}{4}$ & $\frac{a-\sqrt{aa-8ab}}{4}$ pour les deux racines de $xx - \frac{ax}{2} + \frac{ab}{2} = o$. Voici comment il les a trouvées.

L'égalité proposée $xx - \frac{ax}{2} + \frac{ab}{2} = o$, se réduit à $xx - \frac{2ax}{4} = -\frac{8ab}{16}$; & en ajoutant $\frac{aa}{16}$ de part & d'autre, l'on fait $xx - \frac{2ax}{4} + \frac{aa}{16} = \frac{aa-8ab}{16}$. Donc $x - \frac{a}{4} = \pm\frac{\sqrt{aa-8ab}}{4}$, ou $x = \frac{a\pm\sqrt{aa-8ab}}{4}$. *Ce qu'il falloit démontrer.*

Page 69, Exemple VII, Art. 74, ligne 7.

Ayant nommé, &c.

Fig. 64 des des Infin. Petits. L'Auteur fait $EB = -\frac{ydx}{dy}$; parceque (dit-il) x croissant, y diminue. Cela est vrai depuis F à l'infini vers K;

mais depuis A jusqu'en F x & y augmentent & diminuent ensemble. Ainsi en prenant ces variables entre A & F; il faudroit $EB = \frac{3dx}{dy}$ du côté de A.

Page 69, Exemple VII, Art. 74, ligne 22.

De $\frac{dy\sqrt{mmyy - nnxx}}{nx} = \frac{nnxxdy - mmyydy}{nnxy}$, l'Auteur conclut $y\sqrt{mm - nn} = nx$: voici comment. Divisez la premiere égalité par $\frac{dy}{nx}$, il viendra $\sqrt{mmyy - nnxx} = \frac{nnxx - mmyy}{ny}$, ou $ny\sqrt{mmyy - nnxx} = nnxx - mmyy$; ce qui étant quarré, donne $n^2m^2y^4 - n^4x^2y^2 = \overline{n^2x^2 - m^2y^2}^2$, ou $-n^4x^2y^2 + n^2m^2y^4 = \overline{n^2x^2 - m^2y^2}^2$; & le divisant par $n^2x^2 - m^2y^2$, il viendra $-nnyy = nnxx - mmyy$, ou $mmyy - nnyy = nnxx$; ce qui donne $y\sqrt{mm - nn} = nx$. *Ce qu'il falloit, &c.*

Page 74, Art. 77, ligne premiere.

SOIT sur l'axe BX une courbe quelconque BEQ, dont AC, EF, KM, soient trois ordonnées infiniment proches les unes des autres, & paralleles entr'elles; Soient aussi EN, KN deux des rayons de sa dévelopée. Ensuite après avoir prolongé AE en V, en sorte que EV soit une touchante en E de cette courbe, soit l'arc KG décrit du centre E, & du rayon EK. Soient enfin AD, EL, KR, GO, paralelles à l'axe BX; & RS, GH, paralles à MK, qui prolongée rencontre EV en P. Cela fait, Figure 21.

Soit AE *constante, c'est-à-dire*, AE = EK = EG.

1°. L'on aura $\begin{cases} EN . EG :: EG . GK . \text{ à cause des triang. semblab. } ENK \ \& \ GEK; \\ EG . GH :: GK . GO . \text{ à cause des triang. semb. } EGH \ \& \ KGO. \end{cases}$

Donc $EN . GH :: EG . GO$. Et par conséquent $EN = \frac{GH \times EG}{GO}$.

2. L'on aura $\begin{cases} EN \,.\, EG :: EG \,.\, GK \text{, à cause des triang. semb. } ENK \text{ \& } GEK. \\ EG \,.\, EH \text{ ou } EL :: GK \,.\, OK \text{, à cause des trian. semb. } EGH \text{ \& } KGO. \end{cases}$

Donc $EN \,.\, EL :: EG \,.\, OK$. Et par conséquent $EN = \frac{EL \times EG}{OK}$.

Soit AD *constante*, *c'est-à-dire*, AD = EL.

3°. L'on aura $\begin{cases} EN \,.\, EG :: EG \,.\, GK \,. \\ EL \,.\, EP \text{ ou } EG :: GK \,.\, PK \text{ . à cause de } EPL \text{ \& } KPG \text{ sembl.} \end{cases}$

Donc $EN \times EL \,.\, \overline{EG}^2 :: EG \,.\, PK$. Et par conséquent $EN = \frac{\overline{EG}^3}{EL \times PK}$

4°. L'on aura $\begin{cases} EN \,.\, EG :: EG \,.\, GK \,. \\ EL \,.\, LP :: GK \,.\, GP \text{, à cause de } EPL \text{ \& } KPG \text{ semb.} \end{cases}$

Donc $EN \times EL \,.\, EG \times LP :: EG \,.\, GP$. Et par conséquent $EN = \frac{\overline{EG}^2 \times LP}{EL \times GP}$.

Soit ED *constante*, *c'est-à-dire*, ED = LK.

5°. L'on aura $\begin{cases} EN \,.\, EG :: EG \,.\, GK \\ RS \text{ ou } KL \,.\, ER \text{ ou } EG :: GK \,.\, KR \text{, à cause de } ERS \text{ \& de } KRG \text{ semb.} \end{cases}$

Donc $EN \times KL \,.\, \overline{EG}^2 :: EG \,.\, KR$. Et par consequent $EN = \frac{\overline{EG}^3}{KL \times KR}$

6°. L'on aura $\begin{cases} EN \,.\, EG :: EG \,.\, GK \,. \\ RS \text{ ou } KL \,.\, ES :: GK \,.\, GR \text{ . à cause de } ERS \text{ \& } KRG \text{ sembl.} \end{cases}$

Donc $EN \times KL \,.\, EG \times ES :: EG \,.\, GR$. Et par conséquent $EN = \frac{\overline{EG}^2 \times ES}{KL \times GR}$.

Pour avoir toutes ces formules en termes analytiques, soient presentement appelées *AE* ou *EK*, *dv*; *AD* ou *EL*, *dx*; & *ED* ou *KL*, *dy*.

1°. Cela fait, il est visible qu'en supposant *AE* (*dv*), constante, c'est-à-dire, $AE = EK = EG$, l'on aura les triangles *AED* & *EGH* égaux & semblables; ce qui donnera pour lors HL ou $GO = ddx$, & $OK = ddy$. Et par conséquent aussi pour lors (n. 1.) $EN \left(\frac{GH \times EG}{GO}\right) = \frac{dydv}{ddx}$; & (n. 2.) $EN \left(\frac{EL \times EG}{OK}\right) = \frac{dxdv}{ddy}$.

2°. De même, si l'on fait $AD\,(dx)$ constante, c'est-à dire, $AD = EL$, l'on aura les triangles AED & EPL égaux & semblables, ce qui donnera pour lors $PK = ddy$, & $PG = ddv$. Donc on aura aussi pour lors (n. 3.) $EN \left(\frac{\overline{EG}^3}{EL \times PK}\right) = \frac{dv^3}{dxddy}$; & (n. 4.) $EN \left(\frac{\overline{EG}^2 \times LP}{EL \times GP}\right) = \frac{dv^2 dy}{dxddv}$.

3°. Enfin si l'on fait $ED\,(dy)$ constante, c'est-à dire, $ED = KL$, l'on aura aussi pour lors les triangles AED & ERS égaux & semblables; ce qui donnera de même alors SL ou $RK = ddx$, & $GR = ddv$. Donc on aura aussi pour lors (n. 5.) $EN \left(\frac{\overline{EG}^3}{KL \times KR}\right) = \frac{dv^3}{dyddx}$; & (n. 6.) $EN \left(\frac{\overline{EG}^2 \times ES}{KL \times GR}\right) = \frac{dv^2 dx}{dyddv}$. *Ce qui est tout ce qu'il falloit ici trouver.*

COROLLAIRE I.

PUISQUE l'hypotese de $AE\,(dv)$ constante (n. 1.) donne $EN = \frac{dydv}{ddx} = \frac{dxdv}{ddy}$, l'on aura $EN \,.\, 1 :: \left\{\begin{matrix} dy \,.\, \frac{ddx}{dv} \,. \\ dv \,.\, \frac{ddx}{dy} \,. \\ dx \,.\, \frac{ddy}{dv} \,. \\ dv \,.\, \frac{ddy}{dx} \,. \end{matrix}\right\}$

Ce qui est le premier des Problêmes géneraux de M. Leibnitz pour les rayons osculateurs dans les Actes de Leipsix de 1694, page 365.

COROLLAIRE II.

PUISQUE l'hypotese de *ED* (dy) constante (n. 3.) donne $EN = \frac{dv^2}{dxddy} = \frac{dv^3}{dyddx}$, l'on aura [$EN \times \frac{dy}{dv}$ (FX). $1 :: dv^2 . ddx :: \frac{dv^2}{dy} . \frac{ddx}{dy}$.] ce qui est l'autre Theorême général de M. Leibnitz. *Ibid.*

Page 75, ligne 2.

SI l'on suppose dy constante, la difference de *MC* ($\frac{z\sqrt{dx^2+dy^2}}{dx}$) devant être nulle, l'on trouvera $dxdz\sqrt{dx^2+dy^2} + \frac{zdx^2ddx}{\sqrt{dx^2+dy^2}} - zddx\sqrt{dx^2+dy^2}, = 0$, c'est-à-dire, $\frac{dx^3dz + dxdy^2dz + zdx^2ddx - zdx^2ddx - zdy^2ddx}{dx^2\sqrt{dx^2+dy^2}} = 0$; ce qui donne $dx^3dz + dxdy^2dz = zdy^2ddx$, & de-là $z = \frac{dx^3dz + dxdy^2dz}{dy^2ddx}$ (à cause de $dy = dz$) $= \frac{dx^3+dxdy^2}{dyddx}$.

Page 75, ligne 5.

METHODE POUR TROUVER LES COURBES que d'autres décrivent par leur dévelopement.

Fig. 22. *Soit une Courbe quelconque* ACO, *qui par son dévelopement, en décrive une autre* AMD: *la premiere étant donnée, on demande celle-ci.*

SOLUTION.

SOIT *CM* un rayon quelconque de la dévelopée *ACO*, dont l'axe soit *AO*, sur lequel des points *C* & *A* tombent les perpendiculaires *CF* & *AB*, que *ME* parallele à cet axe, rencontre en *E* & en *P*; soit le reste comme on le voit ici. Soient de plus $AF = x$, $FC = y$, $AP = v$, $MP = z$, & $Mm = dS$.

Cela

Cela posé, l'on aura (*Analyse des Infiniment Petits, page 75.*) $\frac{ds^2}{-ddz} = ME = z + x$; & par ainsi $x = \frac{ds^2}{-ddz} - z$. De plus $MR\,(dv) . Rm\,(dz) :: ME\left(\frac{ds^2}{-ddz}\right) . EC\,(y - v) = \frac{-dzds^2}{dvddz}$; & par ainsi encore $y = \frac{dzds^2}{-dvddz} + v$. Donc en substituant cette valeur de x & de y dans l'équation donnée de la dévelopée ACO, l'on aura celle de la courbe cherchée AMD, qu'elle décrit en se dévelopant.

Page 76, Art. 79, ligne 7.

Dans les maniéres premiere, seconde, troisiême, l'on fait (*Fig. 69.*) ddy positif; & dans la quatriéme (*Fig. 69.*) on fait ddy négatif, quoique ces Figures soient les mêmes. *Fig. 69. des Infin. Petits.*

Page 77, ligne 5.

POUR avoir Tt, on prend la différence de $TA = PT\,(\frac{ydx}{dy}) - AP\,(x)$; dont la différence (en prenant dx constante) donne $\frac{dxdy^2 - ydxddy}{dy^2} - dx = \frac{-ydxddy}{dy^2} = Tt$: & cela pour avoir un point fixe A. Cela n'est pourtant pas necessaire; on peut avoir Tt, en prenant tout d'un coup la différence de $TP\,(\frac{ydx}{dy})$ qui est $\frac{dxdy^2 - ydxddy}{dy^2} = Tt + Pp$. Donc en retranchant Pp, (dx) l'on auroit $\frac{-ydxddy}{dy^2}$, comme de l'autre maniére.

Page 78, ligne 23.

SI l'on fait $Mm = dv$, l'on aura $MF = \frac{ydx}{dv}$, & $BF = \frac{ydy}{dv}$; & par conséquent. *Fig. 68 des Infin. Petits.*

1°. En faisant dy constante, l'on aura $Bf - BF$ ou $Hf = \frac{dvdy^2 - ydyddv}{dv^2} =$ (à cause de $dv = \sqrt{dx^2 + dy^2}$ & de $ddv = \frac{dxddx}{\sqrt{dx^2 + dy^2}} = \frac{dxddx}{dv}$) $= \frac{dv^2dy^2 - ydydxddx}{dv^3}$. Donc $Mm - Hf = \frac{dv^4 - dv^2dy^2 + ydydxddx}{dv^3}$ (à cause de $dv^2 - dx^2 = dx^2$) $= \frac{dv^2dx^2 + ydyddx}{dv^3}$. Or $Mm - Hf\left(\frac{dv^2dx^2 + ydydxddx}{dv^3}\right)$.

$Mm\ (dv) :: MH\ (\frac{ydx}{dv}) . Mt = \frac{ydxdv^3}{dv^2dx^2 + ydydxddx} = \frac{ydv^3}{dv^2dx + ydyddx}$

2°. Si l'on prend dv pour constante, l'on aura $Bf - BF$ ou $Hf = \frac{dy^2 + yddy}{dv}$; & par conséquent $Mm - Hf = \frac{dv^2 - dy^2 - yddy}{dv} = \frac{dx^2 - yddy}{dv}$. Or $Mm - Hf\ (\frac{dx^2 - yddy}{dv}) . Mm\ (dv) :: MH\ (\frac{ydx}{dv}) . MC = \frac{ydxdv}{dx^2 - yddy} = \frac{ydydv}{dxdy - yddx}$.

REMARQUE. A cause de $dx^2 + dy^2 = dv^2$ constante, l'on aura $dxddx = dyddy$.

Page 80, après la ligne 17.

CONSTRUCTION GENERALE DES RAYONS des dévelopées des courbes qui ont leurs ordonnées paralleles, ou perpendiculaires à l'axe.

Fig. 23. SOIENT $AP = x$, $PM = y$, les coordonnées de la courbe AMD, dont les élemens soient dv ; MT une de ses touchantes quelconque, & MC le rayon de la dévelopée correspondant.

* Pag. 78 des Infin. Petits. I. On voit donc (* en faisant dy constante) que $MC = \frac{dv^3}{dyddx} = \frac{adydv^3}{ady^2ddx} = \frac{adv^2}{dy^2} \times \frac{dydv}{addx} = \frac{a \times \overline{MT}^2}{\overline{MP}^2} \times \frac{dydv}{addx}$.

Or en imaginant une courbe ZN dont les ordonnées soient $PN = \frac{adx}{dy} = \frac{a \times PT}{MP}$, dy constante donnera $dPN = \frac{addx}{dy}$; & par conséquent $\frac{dydv}{addx} = \frac{dv}{dPN}$ (la touchante NS donnant $SP . PN :: dx . dPN = \frac{PN \times dx}{SP}$) $= \frac{SP \times dv}{PN \times dx} = \frac{SP \times MT}{PN \times TP}$. Donc $MC\ (\frac{dv^3}{dyddx}) = \frac{a \times \overline{MT}^2}{\overline{MP}^2} \times \frac{SP \times MT}{PN \times TP} = \frac{a \times SP \times \overline{MT}^3}{\overline{MP}^2 \times PN \times TP}$ en grandeurs toutes finies.

II. Mais si l'on considere que (*Const.*) $PN = \frac{a \times PT}{MP}$, & $TP . MT :: MT . TQ = \frac{\overline{MT}^2}{TP}$, l'on aura $\frac{a \times SP \times \overline{MT}^3}{\overline{MP}^2 \times PN \times TP} = \frac{SP \times MT \times TQ}{MP \times TP}$ (à cause que CM prolongée jusqu'à la rencontre de VT perpendiculaire à l'axe AQ, donne $MP . MT :: TQ . VQ = \frac{MT \times TQ}{MP}$) $= \frac{SP \times VQ}{TP}$. Donc aussi $MC \left(\frac{dv^3}{dyddx}\right) = \frac{SP \times VQ}{TP}$: de sorte qu'en general $TP . SP : VQ . MC$.

D'où l'on voit en general que pour trouver le rayon MC de la dévelopée d'une Courbe donnée quelconque AMD, il n'y a qu'à en tirer la touchante MT, & faire ensuite sur le même axe une courbe LN, dont chaque ordonnée PN soit quatriême proportionnelle à MP, PT, & à une constante quelconque a, & dont par consequent l'on aura aussi toujours les soutangentes SP; car alors si l'on fait comme TP à SP, ainsi VQ à une quatriême MC, cette quatriême proportionnelle MC sera le rayon cherché de la dévelopée.

III. *Exemple.* Soit AMD une parabole en general, dont on demande le rayon MC de la dévelopée. Son lieu $x = y^m$ donnera $dx = my^{m-1}dy$, ou $\frac{ydx}{dy}$ $(TP) = my^m = mx$. Donc $PN \left(\frac{a \times TP}{MP}\right) = \frac{max}{y}$ (à cause de $x = y^m$, ou de $x^{\frac{1}{m}} = y$) $= \frac{max}{x^{\frac{1}{m}}} = max^{1-\frac{1}{m}} = max^{\frac{m-1}{m}}$, & $dPN = \overline{m-1} \times ax^{\frac{m-1}{m}-1}dx = \overline{m-1} \times ax^{-\frac{1}{m}}dx = \frac{\overline{m-1} \times a}{x^{\frac{1}{m}}}dx$. Or $dPN \left(\frac{\overline{m-1} \times adx}{x^{\frac{1}{m}}}\right) . dx :: PN \left(\frac{max}{x^{\frac{1}{m}}}\right) . PS = \frac{mx}{m-1}$. Donc aussi $MC \left(\frac{SP \times VQ}{TP}\right) = \frac{VQ}{m-1}$ sera le Rayon des dévelopées de toutes les paraboles à l'infini ; ou de toutes les hyperboles à l'infini en rendant m négative.

Puiſque $PN = max^{\frac{m-1}{m}}$, il eſt viſible que LN eſt encore une parabole dont l'expoſant des ordonnées PN eſt $\frac{m}{m-1}$.

Pour faire une courbe dont les ordonnées égalent ſes rayons MC, il faut conſiderer qu'ici $MC \left(\frac{VQ}{m-1}\right)$

$$= \frac{MT \times TQ}{\overline{m-1}\,MP} = \frac{\sqrt{mmxx + yy} \times \overline{mx + \frac{yy}{mx}}}{\overline{m-1}\,y} \left(\text{à cauſe de } x = y^m\right)$$

$$= \frac{\sqrt{\overline{mmxx + x^{\frac{2}{m}}} \times \overline{mmxx + x^{\frac{2}{m}}}}}{\overline{mm-m}\,,\, x^{\frac{m+1}{m}}} = \frac{\overline{mmxx + x^{\frac{2}{m}}}^{\frac{3}{2}}}{\overline{mm-m} \times x^{\frac{m+1}{m}}}\text{, car en prenant}$$

$z = MC$, l'on aura $z \frac{\overline{mmxx + x^{\frac{2}{m}}}^{\frac{3}{2}}}{\overline{mm-m} \times x^{\frac{m+1}{m}}}$, pour le lieu de cette courbe ſur le même axe; & ayant les mêmes abſciſſes $AP = x$, que AMC.

Si l'on ſuppoſe $m = 2$, comme lorſque AMC eſt une premiere parabole, on aura $z = \frac{\overline{4xx + x}^{\frac{3}{2}}}{2 \times x^{\frac{3}{2}}} = \frac{\overline{4x+1}^{\frac{3}{2}}}{2}$: de ſorte qu'au ſommet A, ou x eſt $= 0$, l'on aura $z = \frac{1^{\frac{3}{2}}}{2} = \frac{1}{2}$: c'eſt-à-dire, le rayon de la dévelopée égal à la moitié de ſon paramétre, &c.

Page 80, Propoſition II.

PROBLEME.

Trouver le Point B *où commence la dévelopée, ou (ce qui revient au même) trouver le premier rayon* AB *de la dévelopée.*

SOLUTION.

Fig. 72 des Infin. Petits. ENtre les rayons de la dévelopée MC, AB, il eſt viſible que AB eſt le plus petit de tous. D'ailleurs le rayon de la dévelopée valant l'arc dévélopé + une grandeur conſtante, ou + zero; ce rayon au commencement de la dévelopée, ne doit valoir que cette grandeur conſtante, ou zero : Et par conſéquent, il doit être là le plus petit de tous. Pour le trouver, il faut donc faire un *plus petit* du rayon général de la dévelopée.

Page 80, Problême; Article 83.

POUR trouver le point où l'axe touche la dévelopée, il faut chercher le point où le rayon de la dévelopée eſt parallèle à l'axe; ce qui ſervira auſſi à trouver ce parallèliſme dans les courbes convexes du côté de leur axe, lequel ne ſçauroit toucher leur dévelopée.

Page 83, Article 86, ligne 7.

$dx \,.\, dy :: ME\left(\frac{ydx^2+ydy^2}{-2dy^2}\right) . EC = \frac{ydx^2+ydy^2}{-2dxdy} = -\frac{ydx}{2y} = -\frac{ydy}{2dx}$.

Page 84, ligne 6.

Voyez ci-deſſous l'éclairciſſement ſur la page 103, ligne 16.

Page 89, Exemple VI. Art. 91, ligne 8.

PUISQUE (*hyp.*) la raiſon $\frac{dy}{dx}$ eſt conſtante, ſoit $\frac{dy}{dx} = \frac{a}{b}$. Cela poſé, ſi après avoir fait du centre A, & d'un rayon quelconque AD, le cercle GDF, qui rencontre AM, Am, en E, e, l'on appelle AD, a; & DE, z; l'on aura $AE(a) . AM(y) :: Ee(dz) . MR(dx) = \frac{ydz}{a}$. Donc on aura auſſi $\frac{a}{b}\left(\frac{dy}{dx}\right) = \frac{ady}{ydz}$, c'eſt à dire $dz = \frac{bdy}{y}$; ou plûtôt $dz = -\frac{bdy}{y}$, à cauſe que $DE(z)$ & $AM(y)$ croiſſent alternativement. Et par conſéquent, en integrant, $z = -bly \left(b\int\frac{dy}{y}\right) +$ le contraire de ce que $-bly$ devient lorſque $z = 0$. Or ce cas de $z = 0$, Fig. 24.

où de E en D, rendant auſſi M en D, donne $-bly = -la$. Donc l'integrale complette ſera ici $z = bla - bly = bl\frac{a}{y} = L\frac{a^b}{y^b}$. D'où l'on voit que l'arc $DE(z)$ devient infini lorſque $y = 0$; & par conſequent la ſpirale DMA doit faire une infinité de révolutions avant que d'arriver à ſon centre A.

AVERTISSEMENT.

LA Methode qui nous vient de conduire ici, eſt de M. Bernoulli Profeſſeur à Groningue, preſentée à l'Académie le 13 Decembre 1701.

Page 94, ligne 12.

M. Bernoulli (Jean) Profeſſeur à Groningue, a démontré le contraire dans le mois de Juillet des Actes de Leipſik de 1699, pag. 318, & ſuiv. Il y a, dis-je, démontré une infinité de ſegments & de ſecteurs de cette premiere cycloïde, leſquels ſont abſolument quarables, c'eſt à dire, quarables indépendemment d'aucune quadrature du Cercle, ou de telle autre Courbe que ce ſoit.

Page 99, Article 105, ligne 13.

Voyez la Remarque qu'on fera cy-après ſur la page 107, ligne premiere.

Page 100, ligne 10.

DIVISION DES ANGLES RECTILIGNES en tant de parties égales qu'on voudra.

LEMME.

Ce Lemme eſt le Theorême 4 *ad Sectiones angulares* de Viette, pag. 291 de l'édition de Hollande de 1646.

Soit un Arc circulaire quelconque AFB *diviſé en tel nombre de parties égales qu'on voudra, par les cordes* AC, AD, AE, *&c. Je dis que la premiere* AC *eſt à la ſeconde* AD, *comme toute autre* AG *à la ſomme des deux plus voiſines* AF + AH. Fig. 25.

DE'MONSTRATION.

SUR la prolongée AH ſoit appliquée $GM = AG$; & ſoient tirées les droites FG, GH: le triangle AGM étant iſoſcelle, l'angle M ſera = ang. GAH = ang. FAG; l'on aura auſſi l'angle $GMH = \frac{1}{2}$ arc. $GPQA = GFA$: Et par conſéquent les deux triangles GHM, GFA, ayant les côtez $GM = AG$, de même que $GH = FG$, feront ſemblables & égaux. Donc on aura auſſi HM = à la corde AF. Or ayant tiré la droite CD, les triangles ACD, AGM, feront ſemblables; car l'un & l'autre eſt iſoſcelle, & de plus ils ont à leurs baſes les angles CAD & GAM égaux entr'eux. Donc enfin $AC . AD :: AG . AM = AH + HM = AH + AF$. *Ce qu'il falloit démontrer.*

COROLLAIRE.

De là ſe déduit une formule univerſelle pour la ſection des angles rectilignes en tant de parties égales qu'on voudra: Voici comment. Du point A ſoit le diametre AP, du point C le rayon CO & la droite CP.

Les angles P & D insistans sur le même arc CA, sont égaux ; & partant les triangles isoscelles COP, ACD, sont semblables ; ce qui donne $CO . CP :: AC . AD$. Soit donc donné l'arc AFB à diviser en tant de parties égales qu'on voudra. Soit le rayon $AO = a = 1$; la corde donnée $AB = b$; la corde cherchée $AC = x$: l'on aura $CP = \sqrt{4 - xx}$ (pour abreger) $= y$. Donc la seconde corde $AD = xy$. Pour avoir la troisième AE, je remarque par le Lemme que AC est à AD, ou CO à CP, comme AD à $\overline{AE + AC}$; qui sera donc $= xyy$: de sorte qu'en ayant retranché AC ou x, il restera $AE = xyy - x$. Pour avoir la quatrième AF, je fais derechef par le Lemme, $CO . CP :: AE . \overline{AF + AD}$ qui sera $= xy^3 - xy$: ôtez-en AD, il restera $AF = xy^3 - 2xy$. Pour la cinquième AG, je fais par le Lemme, $CO . CP :: AF . \overline{AG + AE} = xy^4 - 2xyy$: ôtez-en AE ($xyy - x$) il restera $AG = xy^4 - 3xyy + x$. Et ainsi l'on trouvera en peu de temps un aussi grand nombre de ces cordes qu'on voudra.

Pour en tirer une formule universelle, il faut les disposer en forme de Table comme dans la page suivante ; & où l'on y remarquera une uniformité de progression ; car toutes les colonnes verticales sans les coefficiens, sont en progression geometrique qui commence par x & xy ; & les coefficiens sont des nombres figurez

1, 1, 1, 1, &c. 0, 1, 2, 3, 4, &c.

0, 0, 1, 3, 6, &c. 0, 0, 0, 1, 4, 10, &c. &c. . .

dont on connoît la proprieté (*Bern. Thes. de seriebus infinitis pars prima* :) Sçavoir que chaque terme de quelque rangée que ce soit, est égal à la somme des termes de la précedente moins le dernier terme ; & que la somme des termes a toujours une raison constante au dernier terme. Cela étant ainsi, on trouvera facilement les derniers termes de ces colonnes verticales, en prenant n pour le nombre demandé des parties égales de

1	x
2	xy
3	$xyy - 1x$
4	$xy^3 - 2xy$
5	$xy^4 - 3xyy + 1x$
6	$xy^5 - 4xy^3 + 3xy$
7	$xy^6 - 5xy^4 + 6xyy - 1x$
8	$xy^7 - 6xy^5 + 10xy^3 - 4xy$
9	$xy^8 - 7xy^6 + 15xy^4 - 10xyy + 1x$
&c.	&c − &c + &c − &c + &c....
n	$xy^{n-1} - \frac{n-2}{1} xy^{n-3} + \frac{n-3 . n-4}{1 . 2} xy^{n-5} - \frac{n-4 . n-5 . n-6}{1 . 2 . 3} xy^{n-7} + \frac{n-5 . n-6 . n-7 . n-8}{1 . 2 . 3 . 4} xy^{n-9}$

de l'arc *AFB*. Or la somme de ces derniers termes sera égale à la derniere corde *AB* qui est donnée $= b$; vous aurez donc cette égalité universelle pour toutes les sections angulaires, $b = xy^{n-1} - \frac{n-2}{1} xy^{n-3} + \frac{n-3 . n-4}{1 . 2} xy^{n-5} - \frac{n-4 . n-5 . n-6}{1 . 2 . 3} xy^{n-7} + \frac{n-5 . n-6 . n-7 . n-8}{1 . 2 . 3 . 4} xy^{n-9}$ &c. On voit assez comment la progression précédente se peut continuer tant qu'on voudra : la loi en étant très visible ; & cette progression comprend toutes les équations pour les sections angulaires de quelque degré qu'elles soient. On voit aussi que cette progression devient finie en chaque cas particulier ; car n étant un nombre entier, on parvient enfin nécessairement à un terme égal à zero, auquel étant arrivé on néglige les termes suivans; car ils n'appartiennent plus à la progression, comme il paroît par la construction de la Table précédente.

Exemple. S'il s'agit seulement de diviser l'arc ou l'angle proposé en trois parties égales; alors $n = 3$ réduira l'équation generale $ab = xy^{n-1} - \frac{n-2}{1} xy^{n-3} = xyy - x$ (à cause de $y = \sqrt{4 - xx}$) $= 4x - x^3 - x = 3x - x^3$, ou $x^3 - 3x + b = 0$, ou bien encore (à cause de $a = 1$) $x^3 - 3aax + aab = 0$. Ce qui fait voir que la Trisection geométrique de l'angle dépend de la solution d'une équation du troisiéme degré; & qu'ainsi elle est impossible par le cercle seul & la ligne droite.

On tirera de même de la précédente équation generale, l'équation particuliere de toute autre division d'angles en tel nombre de parties égales qu'on voudra.

Page 103 ligne 16.

L'Egalité $dx^2 dddy + dy^2 dddy - 3dyddy^2 = 0$, qui se trouve ici **pag. 103. art. 109.* se trouve encore *pag. 84. art. 86.* mais dans un sens tout différent: dans la *page 84.* elle sert à trouver le point de rebroussement de la développée, & ici elle sert à trouver celui de la courbe qui naît du développement. Dans l'un & dans l'autre cas les x & les y sont les abscisses & les ordonnées de la courbe qui naît du développement. Cette formule est générale pour les *points de rebroussement de la seconde sorte* dans toutes sortes de courbes, & pour les points de rebroussement de la *premiere* dans les dévelopées, les x & les y appartenant toujours à la courbe qui naît du dévelopement dans toutes sortes de courbes dont x & y soient les ordonnées & les abscisses.

* Infin. Petits.

Il est à remarquer que l'on fait un *plus grand* de la raison de Nn à Mm, c'est à-dire de $\frac{Nn}{Mm}$, ce qui est effectivement vrai lorsqu'au point A (*fig. 91.**) Le rayon NH est infini; mais lorsqu'en ce point ce rayon NH est zero, alors la raison de NH à NM ou de Nn à Mm est infinie. Donc cette raison étant exprimée par $\frac{dx^2dddy + dy^2dddy - 3dyddy^2}{dxddy^2}$, Si on la fait infinie, comme dans le premier cas, l'on aura $dxddy^2 = 0$, ou (à cause de dx constante) $\pm\, ddy = 0$; & dans le second l'on aura $dx^2dddy + dy^2dddy - 3dyddy^2 = 0$.

* Des Infin. Petits.

L'Auteur met en général $\frac{dx^2dddy + dy^2dddy - 3dyddy^2}{dxddy^2} = 0$ ou $= \infty$. Or $\frac{dx^2dddy + dy^2dddy - 3dyddy^2}{dxddy^2} = \infty$ multiplié par $dxddy^2 = 0$, donne $dx^2dddy + dy^2dddy - 3dydddy^2 = \infty \times dxddy^2 = \infty \times 0$; ce qui est réel & non zero, cet 0 ne marquant pas ici un zero absolu, mais seulement un infiniment petit.

Il faut faire aussi cette remarque sur la même formule qui est dans la page 84.

Page 104. Article 110 ligne 12.

LA raison pour laquelle Om est plutôt difference de LM que de MF, c'est que les LM toujours perpendiculaires sur ILK, ne different jamais que des Om; au lieu que les MF ont de plus des differences qui résultent du changement continuel des points F.

Page 104. Article 110 ligne 19.

DIfficulté. L'Auteur (*fig. 94. 95. 108*) *fait l'arc $HF = BM - BA + ME - AH$. de sorte que lorque B est infiniment éloigné, comme dans les figures 96. 109.* ayant pour lors $AB = BM$, l'on auroit $HF = MF - AH$. Ce qui est faux.

* Des Infin. Petits.

* Des Infin. Petits.

Cependant parceque (*fig. 94. 97. 108.**) $BM - BA$

* Des Infin. Petits.

$= PM$, l'on aura aussi $HF = PM + MF - AH$. Ce qui est vrai.

Il faut voir pourquoi dans la premiere égalité on ne peut pas faire $AB = BM$, lorsqu'ils sont tous deux infinis, quoique cela se pratique partout ailleurs. On le peut ensorte qu'alors $AB + BM = 2AB = 2BM$, parceque la difference de AB, BM, est infiniment petite par raport à eux ; mais cela n'empêche pas que $BM - BA$ ne soit $= PM$.

Page 106 Article 113. ligne 10.

* Des Infin. Petits.

IL est à remarquer que dans l'art. 77. * page 74. & seq. (ME est là appellée z, & ici a ; à cause qu'elle varie là, & non ici) on a trouvé en géneral, c'est-à-dire dans le cas des appliquées (y) concourantes en B, ME (a) $= \frac{y\overline{dx}^2 + y\overline{dy}^2}{\overline{dx}^2 + \overline{dy}^2 - yddy}$. Donc en substituant cette valeur de a dans la formule suivante (*pag. 107.**) $\frac{ay}{2y - a}$ (MF), l'on aura aussi en général $MF = \frac{y\overline{dx}^2 + y\overline{dy}^2}{\overline{dx}^2 + \overline{dy}^2 - 2yddy}$.

* Des Infin. Petits.

De sorte que lorsque le point B sera infiniment éloigné ; le rayon réfléchi MF, que la formule $\frac{ay}{2y - a}$ rendroit $= \frac{a}{2}$ deviendra ici $= \frac{\overline{dx}^2 + \overline{dy}^2}{-2ddy}$

EXEMPLE.

Fig. 26.

SOIT une parabole AMD dans laquelle tombent des rayons BB paralelles à son axe AB ; soient $ME = y$ les ordonnées de cette courbe conformément à celles de la formule, $DE = x$ ses abscisses, $DC = b$, son parametre en $A = p$, son lieu sera $py = 2bx - xx$; ce qui donne $dy = \frac{2bdx - 2xdx}{p}$, $\overline{dy}^2 = \frac{\overline{2b - 2x}^2 \times \overline{dx}^2}{p^2}$, & (en faisant dx constante) $ddy = \frac{-2\overline{dx}^2}{p}$. Donc en substituant ces valeurs dans la derniere formule $\frac{\overline{dx}^2 + \overline{dy}^2}{-2udy}$ (MF), l'on aura ici $MF = \frac{\overline{p^2 + 2b - 2x}^2}{4p}$; de sorte qu'en D (où x est $= o$) l'on aura ce rayon réfléchi $= \frac{p^2 + 4bb}{4p}$, & en A (où $x = b$) l'on aura ce rayon $AF = \frac{p}{4}$; ce qui fait voir que la caustique rencontre ici l'axe à une distance AF égale au quart du paramétre.

Pour faire voir présentement que non seulement cette caustique coupe l'axe de la parabole à cette distance; mais encore qu'elle s'y rassemble toute, c'est-à-dire que tous les rayons réfléchis se rassemblent au point F de cet axe : il faut remarquer que *art. 110. pag. 104. des Infiniment Petits*, il a été démontré que cette caustique vaut ME (y ou $\frac{2bx - xx}{p}$) + le rayon réfléchi en M $\left(\frac{pp + 4bb - 8bx + 4xx}{4p}\right)$ — le rayon réfléchi en D $\left(\frac{pp + 4b}{4p}\right)$. Donc cette caustique sera $= \frac{2bx - xx}{p} + \frac{pp + 4bb - 8bx + 4xx}{4p} - \frac{pp - 4bb}{4p} = \frac{8bx - 4xx + pp + 4bb - 8bx + 4xx - pp - 4bb}{4p} = o$, c'est-à-dire, d'une longueur nulle, ou réduite en un point qu'on vient de voir être F, dans lequel tous les rayons réfléchis se rassemblent.

Page 107. ligne 1.

APPELLANT B, y; ME, a; on trouve $MF = \frac{ay}{2y - a} = \frac{BM \times ME}{2BM - ME}$. Donc 1°. Lorsque $2BM > ME$, les MF sont convergens.

2°. Lorque $2BM < ME$, ils sont divergens.

3°. Lorsque $2BM = ME$, ou $BM = \frac{1}{2} ME$, ils sont paralelles.

Or en faisant le cercle MPQ sur le diametre $MQ = \frac{1}{2} MC$, l'on aura $MP = \frac{1}{2} ME$. Donc 1°. Lorsque le point B sera hors ce cercle, les MF seront convergens; 2°. Lorsque ce point B sera en P, ils seront paralelles ; 3°. Et lorsque *B* sera dans ce cercle, ils seront divergens.

DIFFICULTE'.

SI la courbe *AMD*, de concave qu'elle est, devenoit convexe par raport à *B*, il est question de sçavoir si c'est *BM* ou *EM*, c'est-à-dire *BM* ou *CM*, qu'il faudroit faire négative. Ce qui fait d'abord penser que *CM* peut devenir négative, aussi bien que *BM*, c'est qu'on peut regarder *B* comme fixe pendant que la courbe se renverse ; & en ce cas c'est le point *C* qui semble passer de l'autre côté, de même que *B* feroit si l'on supposoit la courbe & le point *C* fixes.

RE'PONSE.

LE point *C* étant toujours du côté de la concavité de la courbe *AMD*, il ne sçauroit changer de côté par raport à elle ; & s'il en change par raport à *B* lorsqu'elle se renverse, ce n'est que pour la suivre, & pour n'en point changer par raport à elle. Comme donc le positif & le négatif des lignes *BM*, *CM*, dépend de leur position par raport à la courbe, & que *CM* n'en change jamais, se trouvant toujours du côté de la concavité, quelque situation que cette courbe prenne ; il suit que c'est à *BM* à devenir positive ou négative, selon qu'elle se trouve de côté ou d'autre de la courbe, c'est-à-dire, du côté la concavité ou de la convéxité.

C'est pour cela que dans les Fig. 87. 88. * *OB* étant toujours demeuré du côté de la concavité de l'arc *BGD*, il est toujours demeuré positif, au lieu que *AB* en a changé, & il est devenu négatif (*Fig. 88.*) de positif qu'il étoit (*Fig. 87.*)

* Des Infin. Petits.

REMARQUE GENERALE pour le changement des ſignes + & —.

EN général les grandeurs qui terminées à une courbe, deviendroient zero dans cette courbe, ne deviennent de poſitives négatives, ou de négatives poſitives, qu'en ſe trouvant tantôt du côté de la concavité de la courbe, tantôt du côté de ſa convéxité, ſoit qu'elles y ayent effectivement paſſé, ou que la courbe ſe ſoit retournée par raport à elles; & c'eſt en ce ſens qu'il faut dire que ces grandeurs en changeant de côté par raport à la courbe, deviennent de poſitives négatives, ou de négatives poſitives. Ainſi celles qui demeurent toujours du même côté de la courbe, ne changent point de ſigne.

Il eſt à remarquer qu'une grandeur eſt toujours poſitive du côté où on l'a ſuppoſée en faiſant le calcul; c'eſt-à-dire, que l'ayant priſe poſitivement en faiſant le calcul, elle demeure poſitive tant qu'elle ne change point le côté qu'elle avoit alors.

Page 107. Article 114.

Le rayon de la dévelopée entre dans la valeur de *MF*, en ce qu'il entre dans la valeur de *EM* (*a*).

Page 108. ligne derniere ajoutez,

La cauſtique ſera toujours ici une ligne droite.

A la même page & même ligne,

CEtte conſéquence ſe peut auſſi prouver ſur la Fig. 97.* Car lorſque *MC* eſt infinie, *MQ* l'eſt auſſi; & par con- * Des Infin. Petits.

séquent *BM* se trouvera toujours au dedans du cercle alors infini *MPQ*. Donc alors (suivant la remarque de la page 107. ligne 1.) les rayons réfléchis seront divergens. Or lorsque *Mm* est une ligne droite, le rayon *MC* est infini. Donc, &c.

Page 109. Article 118. ligne 1.

DEux points quelconques des trois *B*, *C*, *F*, étant donnés, l'on aura le troisiême. Car prenant $MF = x$, l'on aura (*Art. 113.**) $MF\ (x) = \frac{ay}{2y-a}$. Donc 1°. si *B* & *C*, c'est-à-dire, *a* & *y* sont donnés, l'on aura $x = \frac{ay}{2y-a}$, c'est-à-dire, *F*. 2°. Si *B* & *F*, c'est-à-dire, *x* & *y* sont donnés, l'on aura $a = \frac{2xy}{y+x}$, c'est-à-dire, *C*. 3°. Si *C* & *F*, c'est-à-dire, *a* & *x* sont donnés, l'on aura $y = \frac{ax}{2x-a}$, c'est-à-dire, *B*.

* *Des Infin. Petits.*

Page 117. Sur la Proposition II. Art. 128.

Fig. 27. POur prouver que *HP* est la caustique de la courbe *AM* décrite de la premiere maniere, suffit-il de prouver que $AH + HB = MP + MF$? ne faudroit-il point encore prouver que *BM* & *MF* font des angles égaux sur *AM*?

Suivant cette maniere de construire la courbe *AM*, si les rayons *BA*, *BM*, devenoient paralelles, la Figure 108* deviendroit celle-ci. Et pour avoir en ce cas la courbe *Am*, par cette pratique, il faudroit prendre sur le rayon incident *BP* perpendiculaire à l'axe *AP*, telle portion *PM* qu'on voudra, avec $AH + HE = PM$; ensuite déveloper la portion de caustique *EF* en commençant au point *E*, jusqu'à ce qu'elle rencontre *MK* paralelle à *AP*, en quelque point *m*; ce point *m* sera un de ceux de la courbe cherchée, & le rayon *bm* paralelle à *AB*, se réfléchira au point *m* sur la courbe *Am*,

* *Des Infin. Petits.*

Am, & son réfléchi mF touchera en F la courbe HF; & par tant HF en ce cas sera la caustique de Am. La raison de tout cela c'est que $pm = PM = AH + HE$, & $mF = EF$, donnent $pm + mF = AH + HF$.

Page 121. ligne 11.

DAns cette Fig. (112) à cause de $mR . mO :: CE . CG :: m . n$. L'on aura AP (somme des mR). ML (somme de mO) $:: m . n$, ou $n \times AP = m \times ML$, c'est-à-dire, $n \times \overline{AB - BM} = m \times \overline{AH - MF - FH}$; & par consequent $FH = AH - MF + \frac{n}{m} BM - \frac{n}{m} AB$. *Des Infin. Pet. Fig. 28.

Page 122. ligne 9.

IL faut voir si la construction, qui est ici, ne pouroit pas s'accommoder aux lignes droites; ou si elle conviendroit mieux aux courbes lorsque $n > m$ comme dans l'art. 139. Fig. 116 des Infin. Petits.

Page 123. sur le Corollaire II. Art. 135.

1°. VOyez ci-dessus l'éclaircissement donné sur la page 107 ligne 1.

2°. La raison pour laquelle a (*Fig. 111. des Infin. Petits.*) devient de positive négative, lorsque ME (a) passe de l'autre côté de MF; c'est que cela ne peut arriver que lorsque BM passe du côté de C, comme en tournant de B vers C; & en ce cas EM (a) devient $= o$, & ensuite négatif, aussi bien que BM (y). de sorte qu'en ce cas $\frac{bbmy}{bmy - any - aan}$ devient $\frac{-bbmy}{-bmy - any - aan}$ ou $\frac{bbmy}{bmy + any + aan}$; ou s'il n'y avoit que a négative, la formule $\frac{bbmy}{bmy + any \pm aan}$; & par conféquent pour les deux cas de a & de y, toutes deux négatives, ou de a feulement négative, l'on aura $\frac{bbmy}{bmy + any \pm aan}$. Si y feule devenoit négative, la formule $\frac{bbmy}{bmy + any - aan}$ deviendroit $\frac{-bbmy}{bmy + any - aan}$ ou $\frac{bbmy}{bmy - any + aan}$. De forte que lorfqu'il n'arrive aucun changement à a, mais feulement à y, comme lorfqu'il ne s'agit que de refraction (en ce cas le rayon incident & le rayon rompu fe trouvent toujours du même côté du rayon de la dévelopée) l'on a generalement $\frac{bbmy}{bmy - any \mp aan}$, le figne fuperieur de $\mp$ marque le cas où y eft pofitive; & l'inférieur, celui où elle eft négative. Mais fi l'on fuppofe de plus que a foit négatif, cette formule fe réduira à $\frac{bbmy}{bmy + any \mp aan}$; de forte que fi $a = b$, & $m = n$, comme lorfque la réfraction fe change en réfléxion, l'on aura $\frac{ay}{2y \mp a}$; ce qui s'accorde avec l'art. 13, des cauftiques par réfléxion; le figne fuperieur dans $\mp$ marquant y pofitif ici & là; & l'inférieur, y négatif; mais avec cette différence qu'ici l'y pofitif eft du côté de la convéxité de la courbe, & le négatif du côté de fa concavité. C'eft-à-dire que le figne fupérieur de $\mp$ marque là le point lumineux audedans de la courbe, & ici au dehors; ou (ce qui revient au même) le figne fupérieur — marque de part & d'autre le point lumineux du côté qu'on l'a fuppofé en faifant le calcul, & le figne +, de l'autre côté.

Pag. 123, *Corollaire II. Art.* 135.

Voyez ce qui a été dit ci deffus fur la page 107. l. 1.

Page 123, sur le Corollaire III. Art. 136.

IL est à remarquer qu'on ne parle de rayons rompus convergens ou divergens, qu'après qu'ils ont traversé la courbe dans laquelle ils se rompent.

Page 124, ligne 3.

MF est positive concourante du côté de la dévelopée dans le premier cas, & négative concourante du côté opposé dans le second.

Page 124, ligne 8.

Si $m < n$, l'on aura $CE < CG$. Donc $ME\ (a) > MG\ (b)$.

Page 124, ligne 10.

Parceque *MF* sera négative dans le premier cas, & positive dans le second.

Page 124, ligne 15.

$MH\ \frac{bm}{n} - a$ est positif lorsque $m > n$; $MH = a - \frac{bm}{n}$ négatif lorsque $m < n$.

Page 124, ligne 25.

Car (*hyp*) $CE = o$. Or (*hyp*) $m \,.\, n :: cE\,(o) \,.\, CG$. Donc $CG = o$.

Page 125, ligne 6.

PROPOSITION I.

SI *la pointe* M *d'un triangle rectiligne quelconque* CME *s'éloigne à l'infini de sa base* CE, *qui demeure toujours la* Fig. 29.

même ; Je dis que ses côtés CM, EM, *deviendront infinis & geométriquement égaux ou ne differeront que d'une grandeur infiniment petite par raport à eux.*

DEMONSTRATION.

SI du centre *M* on fait un arc *EO* ; il est visible que dans l'éloignement du point *M* à l'infini, les droites *ME*, *MO*, seront toujours égales entre elles, de sorte que *ME* & *MC* ne differeront jamais que de la valeur de *OC* ; laquelle, lorsque le point *M* est infiniment éloigné, devient tout-à fait nulle, si l'angle *MEC* est droit, à cause qu'en ce cas *OE* se confond avec *CE* ; ou si l'angle *MEC* n'est pas droit, le triangle *OCE* ayant pour lors tous ses angles finis, ses côtés *CO* & *CE* seront de même genre, c'est-à-dire que *CE* étant alors infiniment petite par raport à *ME*, *MO*, que l'éloignement infini du point *M* rend infinies, la difference *OC* de ces grandeurs infinies *ME*, *MO*, sera aussi infiniment petite par raport à elles. Donc lorsque la pointe *M* du triangle *MEC* est infiniment éloignée de la base *CE* qu'on suppose constante, les deux côtés *CM*, *EM*, alors infinis, ne differeront que d'une grandeur infiniment petite par raport à elles, au point du tout. Et par conséquent, ils seront geométriquement égaux, c'est-à-dire que leur raport sera d'égalité, une telle différence n'étant rien par raport à eux. *Ce qu'il falloit démontrer.*

COROLLAIRE.

QUoique *OC* ne soit rien par raport aux grandeurs infinies *CM*, *EM*, le raport qu'elle a à *CE*, lorsque l'angle *MEC* n'est pas droit, fait cependant voir qu'elle est une véritable grandeur finie. Ainsi quoique dans la supposition du point *M* infiniment éloigné de la base constante BC, l'on ait toujours $CM = EM$, il ne faudra pourtant dire $CM - EM = o$, que lorsque l'angle MEC sera droit; car s'il ne l'est pas, $CM - EM$ ou CO sera quelque chose & même une grandeur de même genre que CE, c'est-à-dire, une grandeur finie. Ainsi en ce dernier cas l'on peut dire que MC & ME sont geometriquement égales & arithmetiquement inégales: *geometriquement égales*, parceque leur raport est d'égalité. Et *arithemetiquement inégales*, parceque cette difference est une grandeur finie, quoique nulle par raport à elles.

PROPOSITION II.

AU contraire si la base CE *s'éloigne à l'infini de la pointe* M, *toujours paralellement à elle-même, l'angle* M *demeurant aussi toujours le même; les côtés* MC, ME, *deviendront infinis; mais nullement égaux, s'ils ne le sont dés-à-present.* Fig. 30.

DEMONSTRATION.

PUisque (*hyp.*) CE demeure toujours paralelle à elle-même, & que l'angle M ne change point; quelque grand que devienne le triangle CME, il sera toujours semblable à celui-ci; & par conséquent les côtés CM, ME, quoiqu'infinis, auront toujours entre eux le même raport qu'ils ont ici; donc en les y supposant inégaux, quelque grand qu'on suppose cet éloignement de la base CE, ils ne deviendront jamais geometriquement égaux, & encore moins arithemétiquement. *Ce qu'il falloit démontrer.*

COROLLAIRE.

SI a & b sont infinies dans la formule $\frac{bbmy}{bmy - any \mp aan}$, les termes bmy, any, seront nuls par raport aux autres $bbmy$, aan; ce qui réduira cette formule à $\frac{bbmy}{\mp aan}$ dans laquelle les grandeurs a & b, qu'on a regardées comme infinies, seront regardées comme finies, à cause du raport qui en est fini.

DIFFICULTE'.

SI a & b sont infinies, il semble que $\frac{bbmy}{\mp aan}$ soit $= \frac{my}{n}$; car il semble qu'alors a soit $= b$, ces deux grandeurs étant de même espece & infinies.

RE'PONSE.

CEtte difficulté suppose que tous les infinis sont égaux; ce qui n'est pas vrai. La fin de la page 125 *, explique ceci. Car (*Fig.* 114. *) les triangles MEC & MBO, MGC & MLO demeurant toujours semblables de quelque grandeur qu'on suppose CM; il suit que quand il seroit infini; & MG (b), ME (a) aussi, l'on auroit toujours ME (a). MG (b) :: BM. ML. C'est-à-dire, inégales. De là on voit qu'il n'arrivera jamais $ME = MC$.

* Des Infin. Pet.

* Des Infin. Pet.

Page 125, *ligne* 7.

' Seront aussi infinies parcequ'un infiniment petit est infini par raport à son quarré.

Page 126, *Article* 136, *ligne* 20.

$$HFN = HA - DN - \tfrac{2}{3}AC = 3AC - \tfrac{2}{3}AC - DN = \tfrac{7}{3}AC - DN\left(\sqrt{\overline{CD}^2 + \tfrac{4}{9}\overline{CD}^2}\right) = \tfrac{7}{3}AC - \tfrac{1}{3}AC\sqrt{5} = AC \times \frac{7-\sqrt{5}}{3}.$$

Puisque $FH = AH - \frac{2}{3} PM$, l'on aura la caustique entiere $HFN = AH$ ($3CA$) $- DN - \frac{2}{3} CA$ $= \frac{7}{3} CA - DN$ (à cause de $DN = \sqrt{\overline{CD}^2 - \overline{CN}^2} = \sqrt{\overline{CD}^2 - \frac{4}{9}\overline{CD}^2} = \sqrt{\frac{5}{9}\overline{CD}^2} = \frac{1}{3} CA\sqrt{5}$) $= \frac{7}{3} CA - \frac{1}{3} CA\sqrt{5} = \frac{7-\sqrt{5}}{3} CA$.

Ibidem. La Caustique entiere $HFN = AH + \frac{1}{2} AK$ $= 2CA + \frac{1}{2} AK$ (à cause de $CK = \sqrt{\overline{CA}^2 - \overline{NK}^2} = \sqrt{\overline{CA}^2 - \frac{4}{9}\overline{CA}^2} = \frac{1}{3} CA\sqrt{9-4} = \frac{1}{3} CA\sqrt{5}$, l'on aura $AK = CA - \frac{1}{3} CA\sqrt{5}$, & $\frac{1}{2} AK = \frac{1}{2} CA - \frac{1}{2} CA\sqrt{5}$) $= 2CA + \frac{1}{2} CA - \frac{1}{2} CA\sqrt{5} = \frac{7}{2} CA - \frac{1}{2} CA\sqrt{5}$ $= \frac{7-\sqrt{5}}{2} CA$.

Puisque $NK = \frac{2}{3} CD$, & que sur l'arc ND il ne se fait plus aucune réfraction, on voit qu'il est entierement inutile de faire des verres sphériques d'une plus grande corde que les deux tiers du diametre, lorsque les rayons sont paralelles, comme on suppose d'ordinaire ceux du soleil jusqu'à nous.

Quoique AB, MB soient infinies, l'auteur ne laisse pas de les concevoir inégales, en disant que $AB - MB = MP$. D'où l'on voit que si en les comparant entr'elles, on les fait égales, c'est parceque cette différence PM n'est rien par raport à elles, mais en elle-même, elle est toujours quelque chose, & étant finie elle doit toujours être comptée avec des grandeurs finies. Tout cela s'accorde avec le Corollaire de la Proposition 1. ci dessus page 68. & 69.

Page 129, *ligne* 3.

CAr cette Analogie donnant $m\sqrt{aa - 2ax + xx + yy} = n\sqrt{xx + yy}$, ou $aamm - 2ammx + mmxx + mmyy = nnxx + nnyy$, l'on aura $mmyy - nnyy = 2ammx - aamm - mmxx + nnxx$, & enfin $yy = \frac{2ammx - aamm}{mm - nn} - xx$.

Page 130, *ligne* 14.

PAr l'article 132, l'on a $DH + \frac{n}{m}CN - \frac{n}{m}DC = NF + FH$, & $AH - \frac{n}{m}BM + \frac{n}{m}BA = MF + FH = MN + NF + FH$. Il faut éxécuter la construction qui suit de ceci.

Page 131, *Article* 146, *ligne* 6.

POur voir comment le point touchant de chaque parabole *AMC* avec la courbe cherchée, est le point d'interſection de cette parabole avec ſon infiniment voiſine, il faut conſiderer cette courbe touchante comme un polygone d'une infinité de côtés pris ſur les paraboles qu'il touche, & qui lui ſont communs avec ces paraboles à l'endroit où il les touche. Ainſi le point d'interſection où concourent deux côtés dans leſquels deux paraboles infiniment voiſines ſont touchées par cette courbe, ſera un des angles du polygone qui la forme; & par conſéquent il ſera dans cette courbe.

Pour le voir encore plus nettement, il faudra conſiderer que cette courbe touchante n'eſt faite que de portions infiniment petites des paraboles, dans leſquelles ces paraboles ſont touchées par cette courbe. Ainſi le concours de ces portions, c'eſt-à-dire, les interſections de ces paraboles infiniment voiſines ſeront dans cette

cette courbe ; & comme ces portions d'atouchement peuvent être prises pour des points, elles peuvent être regardées comme les points d'atouchement de ces paraboles avec la courbe touchante.

Page 132, *ligne* 1.

POur voir comment l'équation précedente (*Page* 131 *) $2zxdx = 2vxdy + 2vydx - v^2dy$ donne $v = \frac{2xxdy - 2yxdx}{xdy - 2ydx}$, en y substituant la valeur de z, il faut remarquer que l'on vient de trouver (*Pag.* 131.*) $zxx = 2vxy - vvy$ pour l'équation commune à toutes les paraboles *AMC* dont il s'agit ici ; & par conséquent $z = \frac{2vxy - vvy}{xx}$. Donc en substituant cette valeur de z dans $2zxdx = 2vxdy + 2vydx - vvdy$, l'on aura $\frac{4vxydx - vvydx}{x} = 2zxdx$ (*Pag.* 131.*) $= 2vxdy + 2vydx - vvdy$, ou $2vxydx - 2vvydx = 2vxxdy - xvvdy$, c'est-à-dire, $vxdy - 2vydx = 2xxdy - 2xydx$; & par conséquent $v = \frac{2xxdy - 2xydx}{xdy - 2ydx}$.

* Des Infin. Petits.

* Des Infin. Petits.

* Des Infin. Petits.

Il est à remarquer que les y (*PM*) ayant été pris ici pour les axes des paraboles *AMC*, & les x (*AP*) pour leurs ordonnées, ces grandeurs x & y doivent croître ou décroître en même tems : ainsi l'on a eu raison de prendre ici leurs différentielles dx & dy toutes deux positives. Ce sont les v (*AK*), z (*KC*), qui croissent ou décroissent en tems différens ; c'est pour cela que si on les eût differentiées, il auroit falu en affecter les différences dv, dz, de signes contraires, c'est-à-dire, en faire une positive & l'autre négative.

Page 132, *Article* 147, *ligne* 4.

POur voir comment l'égalité $xx = 4ay - 4yy$ donne ici *AK* $\left(\frac{2xxdy - 2xydx}{xdy - 2ydx}\right) = \frac{4x}{y} = v$, il faut remarquer que

$xx = 4ay - 4yy$ donne $dy = \frac{xdx}{2a-4y}$. Donc en ſubſtituant cette valeur de dy dans AK ($\frac{2xxdy - 2xydx}{xdy - 2ydx}$, l'on aura $AK = \frac{\frac{2x^3dx}{2a-4y} - 2xydx}{\frac{x^2dx}{2a-4y} - 2ydx} = \frac{2x^3 - 4axy + 8xyy}{xx - 4ay + 8yy}$; & en mettant pour xx ſa valeur $4ay - 4yy$, l'on aura enfin AK ($\frac{2xxdy - 2xydx}{xdy - 2ydx}$) $= \frac{8axy - 8xyy - 4axy + 8xyy}{4ay - 4yy - 4ay + 8yy} = \frac{4axy}{4yy} = \frac{ax}{y} = v$.

Page 133, *ligne* 12.

IL eſt à remarquer que $xx = 4ay - 4yy$ exprime tout à la fois la demi-ellipſe AMB, & la parabole AMC; mais avec cette différence que cette équation eſt le lieu de la demi-ellipſe AMB & qu'elle lui convient par tout, au lieu qu'elle ne convient à la parabole AMC que par raport à l'ordonnée AP & à l'abſciſſe PM.

De ce que G eſt le foyer de la parabole AMC, ſa tangente en A doit diviſer en deux également l'angle BAG, comme on le ſçait par les élémens.

Page 133, *ligne* 13.

$4ay - 4yy$) puiſque xx ($\overline{AP}^2$) $= 4ay - 4yy$ ($\overline{4a - 4y} \times MP$).

Page 133, *ligne* 21.

Par tous les points C) parcequ'elles auront le même paramétre, & les ſommets différens ſur le même axe.

Page 134, *Article* 148, *ligne* 24.

LA raiſon pour laquelle on ne fait point $PK = v$, conſtante, c'eſt que les points P & p changent & que K demeure immobile, pendant qu'on paſſe de P en p, répondant à l'interſection C de deux cercles qui ont P, p, pour centres.

Page 134, *Article* 148, *ligne* 25.

CEtte seconde maniere de trouver PK ne me paroît mener à rien ; parceque le triangle différentiel Ppo ayant les côtés infiniment petits, il ne peut donner que $PK = \frac{ydy}{dx}$, ce qu'on avoit déja : à moins que ce ne fût pour la trouver primitivement.

Page 135, *sur la Proposition III.*

ON peut encore trouver d'une autre maniere le point C de la courbe AC, en ajoutant E à la Fig. 124*. Car $Aq\ (y) . Ap\ (x) :: Qq\ (dy) . QE = \frac{xdy}{y}$. & $PQ = \sqrt{xx + yy}$. De plus les triangles semblables PCp, QCE, donneront $Pp - QE\ (dx - \frac{xdy}{y} . Pp\ (dx) :: PQ\ (\sqrt{xx + yy}) . PC = \frac{ydx\sqrt{xx+yy}}{ydx - xdy}$. Ainsi $PC\ (\frac{ydx\sqrt{xx+yy}}{ydx-xdy}) . PQ\ (\sqrt{xa + yy}) :: PK\ (v + x) . AP\ (x)$. Donc $vydx - vxdy + xydx - xxdy = xydx$, ou $vydx - vxdy = xxdy$; ce qui donne $v\ (AK) = \frac{xxdy}{ydx - xdy}$.

* Des Infin. Petits.

REMARQUE.

COmme $\sqrt{xa + yy}$ s'évanouit ici, on peut en sa place appeller PQ, r ; & r s'évanouira de même ; & alors le calcul en sera plus facile & plus simple.

AUTREMENT.

ON trouve $Aq\ (y) . Ap\ (x) :: Qq\ (dy) . QE = \frac{xdy}{y}$. Et de plus $Pp\ (dx) . QE\ (\frac{xdy}{y}) :: PC . CQ :: PK\ (v + x) . AK\ (v)$. Donc $vydx = xxdy + vxdy$, ou $vydx - vxdy = xxdy$; ce qui donne $v\ (AK) = \frac{xxdy}{ydx - xdy}$.

Cela donne aussi $vy \,.\, xx + vx :: dy \,.\, dx :: y \,.\, AP$ (t). Donc $vt = xx + vx$, ou $vt - vx = xx$; & par conséquent $t - x\,(AT) \,.\, x\,(AP) :: x\,(AP) \,.\, v\,(AK)$.

PLUS GENERALEMENT.

Fig. 32. Soit encore une courbe quelconque AQS dont les abscisses $AB = s$, & le reste comme ci-dessus, excepté que EQ est prolongée jusqu'à la rencontre de bq en R.

L'on aura $bq\,(y) \,.\, bp\,(x+s) :: Rq\,(dy) \,.\, RE = \frac{xdy+sdy}{y}$. Donc $QE = \frac{xdy+sdy-yds}{y}$. Or $Pp\,(dx) \,.\, QE$ $\left(\frac{xdy+sdy-yds}{y}\right) :: PC \,.\, CQ :: PK\,(x+v) \,.\, BK\,(v-s)$. Donc $vydx - sydx = xxdy + vxdy + sxdy + svdy - xyds - vyds$, ou $vydx - vxdy - vsdy + vyds = xxdy + sxdy - xyds + sydx$. Ce qui donne $v\,(AK) = \frac{xxdy+sxdy-xyds+sydx}{ydx+xdy-sdy+yds}$.

1°. Si la courbe AQS est concave du côté de AM, alors AB devenant négatif, tous les termes où s & ds seront en dimension impaire, doivent changer de signes; ce qui réduit cette formule à $v\,(AK) = \frac{xxdy-sxdy+xyds-sydx}{ydx-xdy+sdy-yds}$.

2°. Si AQS est une ligne droite paralelle à PM; alors $BA\,(s)$ se trouvant $= o$, tous les termes où se trouvent s & ds seront aussi $= o$; ce qui réduit la formule précédente à $v\,(AK) = \frac{xxdy}{ydx-xdy}$. Ainsi qu'on l'a trouvé ci-dessus pour la Proposition 3, dont il s'agit ici.

3°. Si AM étoit une ligne droite perpendiculaire sur AP, l'on auroit $AP\,(x) = o$, & $dx = o$; ce qui réduiroit toute la formule précédente à zero, c'est-à-dire, qu'on auroit alors $AK\,(v) = o$.

Page 136, sur l'Exemple II. Art. 152.

ON peut encore trouver QC indépendemment du Problême précédent, en faisant l'arc qR du centre C. Car le triangle QAP ou qAp étant semblable aux triangles POp, QRq, l'on aura $PQ(a) . AQ(y) :: Pp(dx) . PO = \frac{ydx}{a}$. & $PQ(a) . AP(x) :: Qq(dy) . qR = \frac{xdy}{a}$. Et par conséquent $PO + qR$ ($\frac{ydx + xdy}{a}$. qR ($\frac{xdy}{a}$ :: Oq ou PQ (a). qC ou $QC = \frac{axdy}{ydx + xdy}$. Or, à cause de $a^2 = x^2 + y^2$, l'on aura $o = xdx - ydy$ ou $dy = \frac{xdx}{y}$. Donc $QC = \frac{ax^2dx}{y^2dx + x^2dx} = \frac{xx}{a}$. *Ce qu'il falloit trouver.*

AUTREMENT.

ON peut encore trouver QC d'une autre maniere. Soit $QC = r$, l'on aura $QP(a) . AP(x) :: QC(r) . AK(v)$, ou $rx = av$, dans laquelle égalité a & v sont constantes pendant que r & x varient en sens contraire. Donc $rdx - xdr = o$, ou $rdx = xdr$; ce qui donne $x . r :: dx(Pp) . dr(QR$ ou $Op) :: pq(a) . Ap(x)$. Et par conséquent r ou $QC = \frac{xx}{a}$. *Ce qu'il falloit trouver.*

Page 136, Art. 152, ligne 4.

AM ou AB) parceque $\overline{PQ}^2 = \overline{QM}^2 + \overline{PM}^2 = \overline{AP}^2 + \overline{PM}^2 = \overline{AB}^2$.

Page 137, ligne 3.

POur trouver le lieu A de la courbe BCD, il faut considerer que puisque * $QC = \frac{xx}{a}$, l'on aura $CP = a - \frac{xx}{a}$. Ainsi $QP(a) . QA(y) :: CP(a - \frac{xx}{a}) . CK(z)$. Et par

Fig. 125.

* *Art. 152. des Infin. Pet.*

conséquent $a^2z = a^2y - xxy$, ou $a^4z^2 = a^4y^2 - 2a^2x^2y^2 + x^4y^2$. Or le cercle BMD donne $a^2 - x^2 = y^2$. Donc, en substituant cette valeur de y^2, l'on aura $a^4z^2 = a^6 - 3a^4x^2 + 3a^2x^4 - x^6$, ou, en tirant la racine cubique de part & d'autre, $\sqrt[3]{a^4z^2} = a^2 - x^2$. Or, à cause de (*Art.* 152*) $v = \frac{x^3}{aa}$, l'on aura $x = \sqrt[3]{aav}$, & $xx = \sqrt[3]{a^4v^2}$. Donc $\sqrt[3]{a^4z^2} = a^2 - \sqrt[3]{a^4v^2}$, ou $\sqrt[3]{az^2} = a - \sqrt[3]{av^2}$ sera le lieu de la courbe BCD.

* Des Infin. Petits.

Pour faire voir presentement que ce lieu est le même que le lieu A de la page 137*; il faut enchasser les signes radicaux. Pour cela je prend $p = \sqrt[3]{av^2}$, ou $p^3 = av^2$; ce qui me donne $\sqrt[3]{az^2} = a - p$. Je cube le tout, & il me vient $az^2 = a^3 - 3aap + 3app - p^3 =$ (à cause de $p^3 = av^2$) $= a^3 - 3aap + 3app - av^2$, ou $zz = aa - 3ap + 3pp - vv$, ou bien encore $z^2 + v^2 - a^2 = 3pp - 3ap$: de sorte qu'en prenant $m^2 = z^2 + v^2 - a^2$, l'on aura $m^2 = 3pp - 3ap$. Or on avoit aussi (*hyp.*) $p^3 = av^2$. Donc $m^2p^3 = 3av^2pp - 3a^2v^2p$, ou $m^2p^2 = 3av^2p - 3a^2v^2$; ce qui donne $p = \frac{3a^2v^2}{3av^2 - m^2p}$, & $p^2 = \frac{3av^2p - 3a^2v^2}{m^2}$. Or la pénultiême égalité trouvée $m^2 = 3p^2 - 3ap$ donne aussi $p = \frac{m^2}{3p - 3a}$, & $p^2 = \frac{m^2 + 3ap}{3}$. Donc $\frac{3a^2v^2}{3av^2 - m^2p} = \frac{m^2}{3p - 3a}$, & $\frac{3av^2p - 3a^2v^2}{m^2} = \frac{m^2 + 3ap}{3}$. Et par conséquent en faisant évanouir ces fractions, l'on aura $9a^2v^2p - 9a^3v^2 = 3av^2m^2 - m^4p$, & $9av^2p - 9a^2v^2 = m^4 + 3m^2ap$; ce qui donne 1°. $p = \frac{3av^2m^2 + 9a^3v^2}{9a^2v^2 + m^4}$, & 2°. $p = \frac{9a^2v^2 + m^4}{9av^2 - 3am^2}$.

* Des Infin. Petits.

Ces deux valeurs de p donneront donc $\frac{9av^2m^2 + 9a^3v^2}{9a^2v^2 + m} = \frac{9a^2v^2 + m^4}{9av^2 - 3am^2}$; & par conséquent $81a^4v^4 + 18a^2v^2m^4$

$+ m^8 = 27a^2v^4m^2 - 9a^2v^2m^4 + 81a^4v^4 - 27a^4v^2m^2$, ou (en réduisant le tout à zero, & le divisant ensuite par m^2) $m^6 + 27a^2v^2m^2 - 27a^2v^4 + 27a^4v^2 = o$. Donc en restituant au lieu de m^2 la valeur (*hyp.*) $z^2 + v^2 - a^2$, & le cube de cette valeur au lieu de m^6, on aura $z^6 + 3z^4v^2 + 3z^2v^4 + v^6 - 3a^2z^4 - 6a^2v^2z^2 + 3a^4z^2 - 3a^2v^4 + 3a^4v^2 - a^6 + 27a^2v^2z^2 + 27a^2v^4 - 27a^4v^2 - 27a^2v^4 + 27a^4v^2 = o$. Donc, en mettant cette égalité en en ordre, l'on aura

$$\begin{array}{l} v^6 - 3a^2v^4 + 3a^4v^2 - a^6 = o. \\ \quad + 3z^2 + 21a^2z^2 + 3a^4z^2 \\ \qquad + 3z^4 - 3a^2z^4 \\ \qquad\qquad + z^6 \end{array}$$

Pour l'expression rationelle du lieu précédent $\sqrt[3]{azz} = a - \sqrt[3]{av^2}$, c'est-à dire pour le lieu rationnel, ou à la maniere de Descartes, de la courbe *BCD*. *Ce qu'il falloit trouver.*

Page 137, Article 153, ligne 4.

La raison pour laquelle on fait ici $cp - CP = Op - Cc$, c'est que $cp - CP = cp - CO = cO + Op - cO - Cc = Op - Cc$.

Page 137, Corollaire Article 153, ligne 8.

ON peut encore trouver autrement la longueur de la courbe *BCD* ou de ses parties. Car *AP* (x) . *PQ* (a) :: dv . Cc. Donc $Cc = \frac{adv}{x}$. mais parceque (*Article* 152*.) $v = \frac{x^3}{aa}$, l'on aura $dv = \frac{3xxdx}{aa}$. Donc $Cc =$ * *Des Infin. Petits.*
$\frac{3xdx}{a}$ & $BC = \frac{3xx}{2a}$. Ainsi $BCD = \frac{3a}{2}$, & $CD = \frac{3a}{2} -$
$\frac{3xx}{2a} = \frac{3aa - 3xx}{2a} = \frac{3yy}{2a}$. Donc puisque (*Art.* 152*.) $QC =$ *Ibid.*

$\frac{xx}{a}$, $PQ = a$, & $CP = a - \frac{xx}{a} = \frac{aa-xx}{a} = \frac{yy}{a}$, l'on aura 1°. $BC . QC :: \frac{3xx}{2a} . \frac{xx}{a} :: 3 . 2$. 2°. $BCD . PQ :: \frac{3a}{2} . a :: 3 . 2$. 3°. $CD . CP :: \frac{3aa-3xx}{2a} \left(\frac{3yy}{2a}\right) . \frac{aa-xx}{a} \left(\frac{yy}{a}\right) :: 3 . 2$.

Page 143, ligne 1.

PROPOSITION.

Fig. 33.

Soit une Section conique quelconque PMQN *avec une droite* EL *sur le même plan; & que de tous les points* E, L, *&c. de cette ligne droite qu'on voudra, on mene deux tangentes (pour chacun)* EP *&* EQ, LM *&* LN, *&c. de cette Section; les droites* PQ, MN, *&c. qui joindront les points d'atouchement correspondant au même point de la droite* EL, *se couperont toutes dans un même point* C *qui sert sur celui des diametres* BA *dont les ordonnées sont paralelles à la droite* EL.

DÉMONSTRATION.

Nota. Il n'y a que cela dans l'Original. M. Varignon n'a pas fait la démonstration.

Page 144, ligne 4.

POur voir pourquoi DM paralelle à LN, doit être $= \frac{b^3gh}{accf - ccfh}$, il faut considerer que $m(EF) . n(EG) :: bbgh . accf - ccfh$. c'est-à-dire que les sinus des angles ELF, ELG, doivent être en cette raison. Or à cause de DM (*hyp.*) paralelle à LN, l'angle MDL est = ang. ELG. Donc les sinus des angles ELF ou DLM & MDL doivent être en cette raison: sçavoir $DM . ML (b) :: bbgh . accf - ccfh$. Donc $DM = \frac{b^3gh}{accf - ccfh}$.

Page 145.

Page 145, Article 163.

IL eſt indiférent dans la Fig. 130.* que *db* ſe trouve devant ou après *DB*, pourvu qu'il en ſoit toujours infiniment proche, n'y ayant autre différence ſinon que lorſque *b* eſt entre *B* & *A*, les particules *bf*, *bg*, ſont toutes deux poſitives ; & qu'elles ſont toutes deux négatives lorſque *b* eſt au-delà de *B*, ce qui fait que la fraction qui en réſulte n'en eſt pas moins poſitive : ſçavoir $\frac{-bf}{-bg} = \frac{bf}{bg} = \frac{+bf}{+bg}$. *Des Infin. Pet.

Page 145, ſur l'Article 163.

Voyez les Notes *tumult.* de Mr Bernoulli ſur la Geométrie de M. Deſcartes, page 459. & ſeq.

Page 146, ſur l'Article 166.

Voyez Newton *Philoſ. nat. princ. Math. Sect. 11. Prop. 58. pag. 163.*

Voyez auſſi les Actes de Leipſik du mois d'Août de 1695. pag. 374. &c.

Page 146, à la fin de l'Article 163.

IL eſt à remarquer que ſi après avoir différencié ſuivant la maniere de l'art. 163, la fraction dont le haut & le bas deviennent zero dans une certaine ſuppoſition comme ici la valeur de $y = \frac{\sqrt{2a^3x - x^4} - a\sqrt[3]{aax}}{a - \sqrt[4]{ax^3}}$ en faiſant $x = a$, cette même ſuppoſition de $x = a$, rendît encore zero le haut & le bas de la fraction réſultante ; alors il faudroit encore la différencier ſuivant la maniere de l'art. 163 ; mais en ce cas il ſuffit de différencier les x, & non les dx que la premiere différenciation y auroit donnée; parceque les ddx qui en résulteroient se trouvent alors multipliés par la même grandeur que l'étoient auparavant les dx, & cette grandeur devenant (*hyp.*) zero dans la supposition de $x = a$, cette même supposition la rendroit encore zero; ce qui feroit évanouir les ddx; & par ainsi il seroit inutile de les introduire en différenciant dx. On verra de même qu'il seroit inutile de différencier telle autre différentielle qui y pouroit être.

Page 146, 147, 148, sur le Lemme I.

COROLLAIRE III.

PUisque, suivant la démonstration de ce Lemme, l'on a par tout DF ou $DK . Ff :: MN$ ou $AE . Mm \pm Nn$. ou $Ff . Mm \pm Nn :: DK . AE$. C'est-à-dire en raison constante, il suit indéfiniment que $KF . DM \pm HN :: DK . AE$, sçavoir + lorsque les courbes DM, HN tournent leur concavités en sens contraires, & — lorsqu'elles les tournent en même sens. Et par conséquent $DM + HN = \frac{AE \times KF}{DK}$ ou $HN = \frac{AE \times KF}{DK} - DM$ dans le premier cas, & $DM - HN = \frac{AE \times KF}{DK}$ ou $HN = DM - \frac{AE \times KF}{DK}$ dans le second. L'on aura de même $HNE = \frac{AE \times KFL}{DK} - DMA$ dans le premier cas, & $HNE = DMA - \frac{AE \times KFL}{DK}$ dans le second.

Si au lieu de prendre les origines en K, D, H, comme l'on vient de faire, on les eût prises en L, A, E, la derniere Analogie précédente auroit donné de même $EN = \frac{AE \times LF}{DK} - AM$ dans le premier cas

& $EN = AM - \frac{AE \times LF}{DK}$ dans le second.

PROBLÊME.

La longueur d'une Courbe quelconque étant donnée entiere & par parties, trouver les longueurs entiere & par parties de toutes celles que sa dévelopée peut former en se dévelopant comme l'on voudra. Fig. 32.

SOLUTION.

SOit une courbe quelconque *ACH* dont le dévelopement commence en quel point & en quel sens l'on voudra : par exemple en *A* jusqu'en *H* ; en *H* jusqu'en *A* ; en *C* jusqu'en *A* & ensuite jusqu'en *H*. Je dis qu'une des courbes *AMD*, *HNE*, *PCQ*, décrites par ces dévelopemens, étant donnée entiere & par parties, les autres le seront aussi, chacune en particulier, dépendemment de la quadrature du cercle.

I. Car si la courbe *AMD* est donnée, l'on a vu (*Art.* 77. *&c.**) que sa dévelopée *ACH* le sera aussi entiere & par parties. Ainsi les droites *DH*, *AE*, *MCN*, qui ne sont (*hyp.*) que cette même courbe redressée, seront aussi connues chacune en particulier. On connoîtra de même les parties *MC*, *CN*, de la droite *MCN*, puisque (*hyp.*) elles ne sont aussi que les arcs *AC*, *CH*, redressés. *Des Infin. Pet.

Présentement pour connoître les arcs *HN*, *NE*, *CQ*, *CP*, soit du centre *D*, & d'un rayon quelconque *DK*, l'arc circulaire *KFL* rencontré en *F* & en *L* par les rayons *DF*, *DL*, paralelles à *MN*, *AE*.

Cela posé, l'on aura (*Cor.* 3. *hujus.*) 1°. $HN = \frac{AE \times KF}{DK} - DM$, $EN = \frac{AE \times LF}{DK} - AM$, $HNE = \frac{AE \times KFL}{DK}$

$- AMD$. 2°. $CQ = DM - \frac{DQ \times KF}{DK}$. 3°. $PC = EN - \frac{PE \times LF}{DK} = \frac{AE - PE \times LF}{DK} - AM = \frac{AP \times LF}{DK} - AM$. Ce qui donnera la rebroussée entiere $PCQ = DM - AM + \frac{AP \times LF - DQ \times KF}{DK}$ (à cause de $AP = DQ$) $= DM - AM + \frac{PQ \times \overline{LF - KF}}{DK}$. Et dans toutes ces valeurs il n'entre d'inconnu que les arcs circulaires, puisque (*hyp.*) tout le reste est donné, c'est-à-dire sur les portions de la courbe AMD aussi bien (*Art.* 77. *&c* *) que de sa dévelopée ACH.

*Des Infin. Pet.

II. Il est visible que si au lieu de AMD, l'on eût donné HNE entiere & par parties, l'on auroit trouvé de même (*Art.* 77. *&c.*) sa dévelopée ACH & ensuite (*Cor.* 3. *hujus.*) 1°. $DM = \frac{AE \times KF}{DK} - HN$, $AM = \frac{AE \times LF}{DK} - EN$, $AMD = \frac{AE \times KFL}{DK} - HEN$. 2°. $CQ = DM - \frac{DQ \times KF}{DK} = \frac{\overline{AE - DQ} \times KF}{DK} - HN = \frac{HQ \times KF}{DK} - HN$. 3°. $PC = EN - \frac{PE \times LF}{DK}$. Ce qui donne sa rebroussée entiere $PCQ = EN - HN + \frac{HQ \times KF - PE \times LF}{DK} = EN - HN + \frac{PE \times \overline{KF - LE}}{DK}$. Il n'entre encore dans ces valeurs que des arcs de cercle, outre ceux de la courbe donnée HNE, & de sa developée ACH (*Art.* 77. *&c.*) semblablement connue.

III. De même encore, si au lieu d'une des courbes AMD ou HNE, l'on eût donné la rebroussée PCH entiere & par parties, l'on auroit aussi trouvé (*Art.* 77. *&c.*) sa dévelopée ACH : sçavoir AC par le moyen de l'arc PC dont il est la dévelopée, & CH

par le moyen de l'arc CQ dont il est aussi la dévelopée. Cette dévelopée ACH ainsi trouvée, l'on auroit (*Cor.* 3.) comme cy-dessus, 1°. $DM = CQ + \frac{DQ \times KF}{DK}$, 2°. $EN = PC + \frac{PE \times LF}{DK}$. Ensuite se servant comme cy-dessus, des arcs DM, EN, qu'on vient de trouver; c'est-à-dire, en trouvant (I.) $HN = \frac{AE \times KF}{DK} - DM$, & (II.) $AM = \frac{AE \times LF}{DK} - EN$; & y substituant ensuite les valeurs trouvées de DM, EN, l'on aura 3°. $HN = \frac{\overline{AE - DQ} \times KF}{DK} - CQ = \frac{PE \times KF}{DK} - CQ$, & 4°. $AM = \frac{\overline{AE - PE} \times LF}{DK} - PC = \frac{AP \times LF}{DK} - PC$. Outre les arcs de la courbe donnée PCQ, & de sa dévelopée ACH (*Art.* 77. &c.) semblablement connue, on voit encore qu'il n'entre dans ces valeurs que des arcs de cercle & des lignes droites; & par conséquent qu'elles ne dépendent encore que de la quadrature du cercle.

Quant aux arcs partiaux de la rebroussée PCQ, il est visible qu'en regardant ses parties PC, CQ, comme deux courbes distinctes, l'on en aura telles parties qu'on voudra par le moyen de leurs paralelles HNE, AMD, comme dans le Corol. 3. de ce Lemme ci (*art.* 166. *) dépendemment seulement de la quadrature du cercle en connoissant ces arcs paralelles entiers & par parties. Par exemple, en connoissant AMD entier & par parties, l'on aura suivant ce Corol. 3. les arcs CQ & HNE entiers & par parties; ensuite HNE donnera encore de même (*Corol.* 3.) l'arc PC entier & par parties. Si les concavités des arcs CQ, CP, étoient tournées du même côté, comme dans

* Des Infin. Petits.

* Des Infin. Petits. les rebrouſſées que l'Auteur appelle (*art. 109.* *) *de la ſeconde ſorte*, il eſt viſible (*Cor. 3.*) qu'une des courbes *AMD*, *HNE*, ſuffiroit pour les connoître immédiatement (c'eſt-à dire ſans paſſer par l'autre) entiers & par parties, & dépendemment de la ſeule quadrature du cercle.

Donc ſuivant cette méthode, la longueur d'une courbe quelconque étant donnée entiere & par parties, on pourra toujours trouver les longueurs entieres & par parties de toutes celles que la dévelopée peut former en ſe dévelopant comme l'on voudra. *Ce qu'il falloit trouver.*

* Des Infin. Petits. Tel eſt l'uſage qu'on peut faire du Lemme de la page 146, (*Art. 166.* *) pour la rectification des courbes engendrées par quelque dévelopement que ce ſoit: En voici encore un ſemblable & de pareille étendue par la quadrature des eſpaces que ces courbes renferment.

LEMME.

Fig. 31. Des Infin. Pet. *Toutes choſes demeurant les mêmes que dans la Fig.* 131, *ajoutez-y ſeulement* m q *paralelle à* MN. *Je dis que*

$$AE \times MD - \frac{\overline{AE}^2 \times KDF}{\overline{DK}^2} = MCGD - NCGH = MpD - NpH.$$

DEMONSTRATION.

PUiſque (*hyp.*) les triangles *FDf*, *nmq* ſont ſemblables, l'on aura $\overline{DF}^2 . \overline{mn}^2$ ou $\overline{MN}^2 :: FDf . nmq = \frac{\overline{MN}^2 \times FDf}{\overline{DF}^2} = \frac{\overline{AE}^2 \times FDf}{\overline{DK}^2}$. De plus *MN* étant (*hyp.*) perpendiculaire ſur *Mm*, & paralelle à *mq*, l'on aura auſſi $MNqm = MN \times Mm = AE \times Mm$. Donc

$AE \times Mm - \frac{\overline{AE}^2 \times FDf}{\overline{DK}^2} = MNqm - nmq = MCm - NCn$; & par tout de même. Donc en intégrant, $AE \times MD - \frac{\overline{AE}^2 \times KDF}{\overline{DK}^2} = MCGD - NCGH = MpD - NpH$. *Ce qu'il falloit démontrer.*

Page 147, *Article* 167.

COROL. I.) L'on aura de même $AE \times AM - \frac{\overline{AE}^2 \times LDF}{\overline{DK}^2} = MCBA - NCBE = MrA - NrE$, & $AE \times AD - \frac{\overline{AE}^2 \times LDK}{\overline{DK}^2} = ABCGD - EBCGH = AOD - HOE$.

Page 155, *ligne* 8.

Devenant négative,) parcequ'alors G se trouve entre *M* & *I*.

Page 155, *Art.* 180, *ligne* 9.

Parcequ'alors $n = \frac{2am + 2bm}{b}$; & par conséquent $n - m = \frac{2am + 2bm}{b} - m = \frac{2am + bm}{b}$; ce qui donne $mn - mm = \frac{2amm + bmm}{b}$.

Page 156, *sur le Lemme III. Art.* 181.

PROPOSITION.

Les Secteurs BAE, DCF, *sont en raison composée des quarrés de leurs côtés* AB, CD, *& des angles* A, C; *c'est-à-dire*, ABE. CDF :: $A \times \overline{AB}^2$. $C \times \overline{CD}^2$. Fig. 331.

DEMONSTRATION.

Fig. 34. SOit $AH = CD$, & du centre A l'arc HK. Soient $AB = a$, AH ou $CD = b$, $BE = e$, $HK = f$, $DF = g$. L'on aura $BE\,(e) \,.\, HK\,(f) :: AB\,(a) \,.\, AH$ ou $DC\,(b)$. Et $HK\,(f) \,.\, DF\,(g) :: HK\,(f) \,.\, DF\,(g)$. Donc en multipliant par ordre ces deux rangées de proportionnelles, l'on aura $e \,.\, g :: af \,.\, bg$. Et par conséquent $aaf \,.\, bbg :: ae \,.\, bg :: \frac{ae}{2} \,.\, \frac{bg}{2}$. ou aaf, $(A \times \overline{AB}^2) \,.\, bbg\,(C \times \overline{CD}^2) :: \frac{ae}{2}\left(\frac{AB \times BE}{2}\right) \,.\, \frac{bg}{2}\left(\frac{CD \times DF}{2}\right) ::$ sect ABE. sect. — CDE. *Ce qu'il falloit démontrer.*

COROLLAIRE.

AInsi deux secteurs circulaires quelconques sont entr'eux comme les produits de leurs angles par les quarrés de leurs côtés ou de leurs rayons.

Page 160, ligne 12.

POur voir que $PQ - 2APE = AK \times PE \pm KP \times AE$. Soit $AK = a$, $PK = z$, $EP = y$, AE ou $EH = x$. L'on aura $PQ - 2APE = \overline{a + z} \times \overline{y + x} - ax - zy = ay + ax + zy + zx - ax - zy = ay + zx$ ou (à cause que lorsque P est au-dessus de K, $KP\,(z)$ est négatif) $= ay \pm zx = AK \times EP \pm AE \times PK$.

Page 160, sur le Corollaire II. Art. 185.

AU-dessus du centre K l'on aura $\frac{aa+ab}{bc} \times -KP \times AE$, & $-KP = v - c$; ce qui fera $\frac{aa+ab}{bc} \times -KP \times AE = \frac{\overline{aa+ab} \times \overline{c-v}}{bc} \times AE = \frac{aac+abc-aav-abv}{bc} \times AE$. Donc, ajoutant

ajoutant le ſecteur AKE ($\frac{1}{2}c \times AE$), le tout ſera $= \frac{aac + abc - aav - abv}{bc} + \frac{1}{2}c \times AE = \frac{bcc + 2aac + 2abc - 2aav - 2abv}{2bc} \times AE$.

Page 161, art. 186, ligne 5.

LA courbe exprimée par l'équation $z = \frac{xx - aa}{\sqrt{2xx - aa}}$ a quatre branches ND avec deux aſymptotes BE, telles qu'on les voit ici : ces quatre branches ne different que de poſition de celle qui ſe voit dans la Fig. 41. de cet article *, laquelle ſuffiſoit pour ce dont il s'y agiſſoit, qui étoit de faire remarquer qu'il y a des courbes qui paroiſſent avoir des points d'inflexion ou de rebrouſſement, leſquelles cependant n'en ont point. Fig. 35. * Des Infin. Petits.

Il eſt à remarquer dans cette Figure-ci, l'équation $z = \frac{xx - aa}{\sqrt{2xx - aa}}$ donne $AD = a$, & $AB = a\sqrt{\frac{1}{2}}$.

Quant aux touchantes en D, cette équation $z = \frac{xx - aa}{\sqrt{2xx - aa}}$ délivrée de ſignes radicaux, devenant $x^4 - 2aaxx + a^4 = 2zzxx\ aazz$, l'on aura $4x^3dx - 4aaxdx = 4zzxdx + 4xxzdz - 2aazdz$, ou $4x^3dx - 4aaxdx - 4zzxdx = 4xxzdz - 2aazdz$; d'où l'on tire $\frac{dz}{dx} = \frac{4x^3 - 4aax - 4zzx}{4xxz - 2aaz} = \frac{2x^3 - 2aax - 2zzx}{2xxz - aaz}$. Mais la ſuppoſition de $x = a$, & de $z = o$, telles que ſont x & z en D, rendant l'un & l'autre terme de cette fraction $= o$, il faut les differencier ſéparément ſuivant la Sect 9. art. 163.* Et l'on aura $\frac{dz}{dx} = \frac{12xxdx - 4aadx - 4zzdx - 8xzdz}{8zxdx + 4xxdz - 2aadz}$; * Des Infin. Petits. & en ſubſtituant les valeurs de x & de z en D, c'eſt-à-dire, $x = a$, & $z = o$, il vient $\frac{dz}{dx} = \frac{8aadx}{2aadz} = \frac{4dx}{dz}$; ce qui donne $\frac{dz^2}{dx^2} = 4$, & $\frac{dz}{dx} = \pm 2$; & enfin $\frac{xdz}{dx} + 2a = AT$.

Il eſt à remarquer qu'on a tout d'un coup $\frac{xdz}{dx} = 2a$, en différenciant l'égalité $z = \frac{xx - aa}{\sqrt{2xx - aa}}$; parcequ'alors elle n'exprime que les branches qui ont z poſitive.

Il eſt encore à remarquer qu'en faiſant $x = a + dx$, & $z = dz$ dans $\frac{dz}{dx} = \frac{2z^3 - 2aax + 2zzx}{2xxz - aaz}$, il vient encore $\frac{dz}{dx} = \frac{4dx}{dz}$, &c.

Page 161, Article 186, ligne 6.

DIFFICULTÉ.

LE lieu étant $z = \frac{xx - aa}{\sqrt{2xx - aa}}$, l'Auteur dit que lorſque $x < a$, la valeur de z eſt négative, cela eſt viſible tant que $2xx$ n'eſt pas $< aa$; mais lorſque $2xx < aa$, alors $2xx - aa$ étant négatif auſſi bien $xx - aa$, il ſemble d'abord que $\frac{xx - aa}{\sqrt{2xx - aa}}$ (z) doive être poſitive, comme faite d'un négatif diviſé par un autre négatif.

RÉPONSE.

LA réponſe en eſt facile : c'eſt que quoique $2xx - aa$ fût négatif, $\sqrt{2xx - aa}$ ſeroit poſitif, mais alors racine imaginaire ; & comme il y en a de poſitives & de négatives, il faudroit $-\sqrt{2xx - aa}$ pour que celle ci fût négative. De même $\sqrt{-aa}$ eſt une racine pſiotive, quoique $-aa$ ſoit négatif, & $-\sqrt{-aa}$ eſt négative ; l'une & l'autre étant imaginaire.

Page 161, Article 186, ligne 11.

Fig. 36. POur décrire la courbe NDN, ſoit l'hyperbole équilatere DQ dont A ſoit le centre, AD le demi-axe transverſal, l'ordonnée PQ. Joignez AQ, ſur laquelle ſoit la perpendiculaire PR; prolongez QP, & faites $NP = QR$. Je dis que N eſt un des points de la courbe cherchée NDN.

Car en poſant $AD = a$, $AF = x$, $NP = z$; l'on aura $PQ = \sqrt{xx - aa}$, $AQ = \sqrt{2xx - aa}$; & par conſéquent $\frac{\overline{PQ}^2}{AQ}$ $\left(\frac{xx-aa}{\sqrt{2xx-aa}}\right)$ $RQ = NP$ (z) donc $z = \frac{xx-aa}{\sqrt{2xx-aa}}$.

Page 162, ligne 4.

DE ce que Rm (dy). Pp ou RM (dx) :: PN. AD. On conclud ici que la courbe EDF touche l'aſymptote BG en E; parceque P ſe trouvant alors en B, PN devient cette aſymptote elle-même, c'eſt-à-dire, infinie; & par conſéquent AD zero par raport à elles. dx (BF) ſera auſſi pour lors zero par raport à dy; & par conſéquent la courbe FDE doit toucher en E l'aſymptote BG; en F, parcequ'il s'agit de la courbe EDF.

On conclud auſſi que cette même courbe doit toucher AD au point D; à cauſe qu'en ce point PN devenant infiniment petite par raport à AD, dy devient auſſi nulle par raport à dx; & par conſéquent cette courbe doit encore toucher AD en D.

Page 162, ligne 8.

POur trouver que le rayon de la dévelopée de la courbe EDF eſt $= -\frac{x^3}{2aa}$, il faut conſiderer que la ſuppoſition donne $ady = \frac{xxdx - aadx}{\sqrt{2xa - aa}}$, & de là 1°. $dy^2 = \frac{\overline{xx-aa}^2 \times dx^2}{2aaxx - a^4}$; & 2°. (en prenant dx conſtante) $ddy =$

$\frac{2xdx^2 \times \sqrt{2xx - aa} - \frac{\overline{xx - aa} \times dx^2}{\sqrt{2xx - aa}}}{2axx - a^3} = \frac{\overline{4x^3 - 2aax - 2x^3 + 2aax} \times dx^2}{\overline{2axx - a^3} \times \sqrt{2xx - aa}} =$ $\frac{2x^3 dx^2}{\overline{2axx - a^3} \times \sqrt{2xx - aa}}$. Ce qui donne $dx^2 + dy^2 = dx^2 +$ $\frac{\overline{xx - aa}^2 \times dx^2}{2aaxx - a^4} = \frac{x^4 dx^2}{2aaxx - a^4}$; & par conséquent $\overline{dx^2 + dy^2} \times$ $\sqrt{dx^2 + dy^2} = \frac{x^6 dx^3}{\overline{2aaxx - a^4} \times a\sqrt{2x^2 - a^2}}$. Donc (*Art.* 78.) $\frac{\overline{dx^2 + dy^2} \times \sqrt{dx^2 + dy^2}}{-dx\, ddy} = \frac{x^6 dx^3 \times \overline{2axx - a^3} \times \sqrt{2xx - aa}}{\overline{2aaxx - a^4} \times a\sqrt{2xx - aa} \times -2x^3 dx^3} =$ $\frac{x^6}{-2aax^3} = -\frac{x^3}{2aa}$ sera le rayon cherché de la développée.

Page 162, ligne 25.

IL est visible que le lieu $y^4 = x^4 + aaxx - b^4$ donne deux courbes opposées comme dans la Fig. 141.* puisque soit qu'on prenne x ou y positif ou négatif, ce même lieu reviendra toujours. La regle consiste en ce que lorsque les dimensions de x & de y sont toutes paires, qu'elles quelles soient d'ailleurs, il y aura toujours deux courbes opposées.

* Des Infin. Petits.

Pour avoir la valeur de DD, il n'y a qu'à faire $y = 0$; & l'on aura $x^4 + aaxx = b^4$ ou $x^4 + aaxx + \frac{1}{4} a^4 = b^4 + \frac{1}{4} a^4$, ou $xx + \frac{1}{2} aa = \sqrt{\frac{4b^4 + a^4}{4}} = \frac{1}{2} \sqrt{4b^4 + a^4}$, ou $x = \sqrt{-\frac{1}{2} aa + \frac{1}{2}\sqrt{4b^4 + a^4}} = AD$; & par conséquent $2AD$ ou $DD = \sqrt{-2aa + 2\sqrt{a^4 + 4b}}$.

QUESTION *à examiner.*

Fig. 142. 143. des Infin. Pet.

Sçavoir si le lieu $y^4 = x^4 + aaxx - b^4$ *a le rayon de la dévelopée toujours positif, & si en* D *il est* $= \frac{a}{2}$.

SOLUTION.

1°. $dy = \frac{4x^3dx + 2aaxdx}{4y^3} = \frac{2x^3dx + aaxdx}{2y^3}$

2°. $dy^2 = \frac{\overline{2x^3 + aax}^2 \times dx^2}{4y^6}$

3°. $dx^2 + dy^2 = \frac{4y^6dx^2 + \overline{2x^3 + aax}^2 \times dx^2}{4y^6}$

4°. $\overline{dx^2 + dy^2} \times \sqrt{dx^2 + dy^2} = \frac{\overline{4y^6 + \overline{2x^3 + aax}^2} \times dx^3 \sqrt{4y^6 + \overline{2x^3 + aax}^2}}{8y^9}$

5°. $ddy =$ (dx constante) $\frac{\overline{6x^2y^3 + a^2y^3} \times dx^2 - \overline{6x^3y^2 - 3aaxy^2} \times dxdy}{2y^6}$

6°. $ddy =$ (en ſubſtituant la valeur de dy) $\frac{\overline{12x^2y^6 + 2a^2y^6 - 12x^6y^2 - 12a^2x^4y^2 + 3a^4x^2y^2} \times dx^2}{4x^9}$

7°. $-dxddy = \frac{\overline{-12x^2y^6 - 2a^2y^6 + 12x^6y^2 + 12a^2x^4y^2 + 3a^4x^2y^2} \times dx^3}{4y^9}$

8°. $\frac{\overline{dx^2 + dy^2} \times \sqrt{dx^2 + dy^2}}{-dx\,ddy} = \frac{\overline{4y^6 + \overline{2x^3 + a^2x}^2} \times \sqrt{4y^6 + \overline{2x^3 + a^2x}^2}}{24x^6y^2 + 24a^2x^4y^2 + 6a^4x^2y^2 - 24x^2y^6 - 4a^2y^6}$

= au rayon de la dévelopée de la courbe dont le lieu eſt $y^4 = x^4 + aaxx - b^4$.

COROLLAIRE.

LEquel rayon devient. 1°. négatif lorſque $x > \sqrt{\frac{1}{2}aa + \frac{3b^4}{aa} + \sqrt{\frac{1}{16}a^4 + \frac{4}{2}b^4 + -\frac{2b^8}{a^4}}}$, ou bien lorſque $x > a\sqrt{\frac{1}{2}}$ ſi $b = o$; & 2°. infini lorſque $y = o$ c'eſt-à-dire en D.

Page 164, ſur le Corollaire II. art. 188.

ENtre toutes les coupées KM, KN, tirées d'un même point K, & non tirées de points infiniment proches : dans le premier cas elles n'ont de differencielles qu'en D qu'elles deviennent égales ; & non en A où il n'y a plus qu'une coupée, l'autre étant devenue infiniment petite, & par conséquent nulle par raport à elle. Ci-après (*page 166**) on voit qu'il ne s'agit ici que d'appliquées qui partent d'un même point, & non de points infiniment proches.

* *Des Infin. Petits.*

Page 165, art. 190, ligne 12.

LA raison pour laquelle on n'en demeure pas à $y = \frac{3xx}{4}$, & qu'on reporte cette égalité dans $x^3 + y^3 = axy$, c'est qu'elle contient encore deux inconnues x & y, dont il en faut chasser une pour avoir l'autre ; & c'est ce qu'on fait par cette comparaison d'égalités.

Page 165, art. 190, ligne 19.

IL est à remarquer que les ordonnées perpendiculaires à l'axe des courbes rebroussantes, sont le plus souvent obliques à ces courbes au point de rebroussement ; & que dans les autres courbes elles leurs sont toujours perpendiculaires ou touchantes au point de retour.

Page 167, ligne 2.

IL est à remarquer que quoique la progression Arithmétique m, $m+1$, $m+2$, $m+3$, $m+4$, &c. semble ne convenir qu'à celles qui n'ont que l'unité pour différence, elle exprime cependant toutes les progressions Arithmétiques en général. Car en prenant l'indéterminée $m = \frac{n}{p}$ dont le haut & le bas sont aussi indéterminés, cette progression sera $\frac{n}{p}$, $\frac{n}{p}+1$, $\frac{n}{p}+2$, $\frac{n}{p}+3$, $\frac{n}{p}+4$, &c. Ainsi l'équation égalée à zero, étant multipliée par l'autre, le sera aussi par celle-ci ; & en la multipliant toute par p, elle le sera par cette autre

n, $n+p$, $n+2p$, $n+3p$, $n+4p$, &c. dont la différence (p) sera tout ce qu'on voudra, sans cesser d'être égale à zero, c'est-à-dire sans que cette égalité cesse d'être $=o$.

Au même endroit.

CEtte derniere progression se présente immédiatement encore par la même méthode de la page 167 * Car si au lieu de multiplier cette équation $x^3 * - ayx$
» $+y^3 = o$ par x^m, on la multiplie par $px^{\frac{n}{p}}$, l'on au-
» ra (sans y changer un seul mot) $px^{\frac{n}{p}+3} *$, &c $=$
» o, dont les termes doivent être multipliés par ceux
» de la progression $\frac{n}{p}+3$, $\frac{n}{p}+2$, $\frac{n}{p}+1$, $\frac{n}{p}$, chacun par
» son correspondant pour en avoir la différence

$$px^{\frac{n}{p}+3} \quad * \quad - payx^{\frac{n}{p}+1} \quad + py^3 x^{\frac{n}{p}} = o.$$
$$\frac{n}{p}+3, \quad \frac{n}{p}+2, \quad \frac{n}{p}+1, \quad \frac{n}{p}$$
$$\overline{n+3p} \times x^{\frac{n}{p}+3} \quad * \quad - \overline{n+p} \times ayx^{\frac{n}{p}+1} \quad + ny^3 x^{\frac{n}{p}} = o.$$

» Ce qui donnera $\overline{n+3p} \times x^{\frac{n}{p}+3} - \overline{n+p} \times ayx^{\frac{n}{p}+1}$
» $+ ny^3 x^{\frac{n}{p}} = o$, & en divisant par $x^{\frac{n}{p}}$, il viendra
» $\overline{n+3p} \times x^3 - \overline{n+p} \times ayx + ny^3 = o$, comme on
» l'auroit trouvée d'abord en multipliant l'égalité pro-
» posée, par la progression $n+3p$, $n+2p$, $n+p$, n.

Ce sont les propres termes de la méthode, page 167.* C'est aussi la même progression qu'on vient de déduire de $m+3$, $m+2$, $m+1$, m.

* Des Infin. Petits.

* Des Infin. Petits.

PROPOSITION.

SI $A \ldots\, x^3 \; * - ayx + y^3 = o$, multiplié
par $\quad 3, \; 2, \quad 1, \quad o,$ donne
$B \ldots\, 3x^3 \; * - ayx = o$; je dis que l'on aura aussi
$C \ldots\, \overline{n+3p}\times x^3 \; * - \overline{n+p}\times ayx + ny^3 = o.$

DEMONSTRATION.

EN multipliant B par p, l'on aura
$D \ldots\, 3px^3 \; * - payx = o.$
De même multipliant A par n, l'on aura aussi
$E \ldots\, nx^3 \; * - nayx + ny^3 = o.$
Donc en ajoutant D & E ensemble, l'on aura
$F \ldots\, nx^3 + 3px^3 \; * - nayx - payx + ny^3 = o$, ou
$G \ldots\, \overline{n+3p}\times x^3 \; * - \overline{n+p}\times ayx + ny^3 = o.$
Ce qui est la même égalité que C, qu'il falloit démontrer.

Page 167, ligne 11.

AInsi l'égalité $\overline{m+3}\times x^3 - \overline{m+1}\times ayx + my^3 = o$ (en faisant $m = \frac{n}{p}$) sera la même que $\overline{\frac{n}{p}+3}\times x^3 - \overline{\frac{n}{p}+1}\times ayx + \frac{n}{p}y^3 = o$; & en multipliant le tout par p, l'on aura $\overline{n+3p}\times x^3 - \overline{n+p}\times ayx + ny^3 = o$, qui est la même chose que $x^3 \; * - ayx + y^3 = o$ multiplié par la progression universelle $n+3p$, $n+2p$, n. Dont les différences sont telles qu'on voudra.

Page 171, sur l'art. 198.

DIFFICULTE'.

EN prenant le point d'infléxion F pour la réunion des deux points touchans M & D, il semble que l'équation doive avoir quatre racines égales, chaque point d'atouchement (*art.* 193.*) en ayant deux.

* *Des Infin. Petits.*

RE'PONSE.

RE'PONSE.

IL faut remarquer que l'équation réduite aux deux points touchans *M* & *D*, y eſt parvenue de même que s'il n'y en avoit qu'un, & qu'il ne s'y eſt point réuni deux racines égales d'une part pour l'un & deux pour l'autre; mais que de deux racines égales il s'en eſt évanoui une, ce qui a fait une équation d'atouchement pour tous les points où cette courbe peut être touchée d'un même point *T* ou *H* : de ſorte que de quelque nombre de touchantes qu'elle ſoit capable d'un de ces points, il n'y a qu'une de ſes racines égales à faire évanouir; & il en reſtera encore tout autant d'égales ou inégales qu'il y a de tels points d'atouchement. Donc ici, y en ayant deux dont les racines doivent devenir égales au point d'infléxion; ces deux avec celle qu'on a déja fait évanouir pour faire une équation à la touchante, en feront trois égales au point d'infléxion. De ſorte qu'il en faut faire évanouir deux par le produit de deux progreſſions arithmétiques quelconques, pour réduire l'équation au point d'infléxion. Et ſi après cela il reſte encore pluſieurs racines, c'eſt une marque qu'il y aura pluſieurs points d'infléxion.

Page 172. art. 199.

C'Eſt ici une équation aux tangentes *TM*, *TD* ou *HM*, *HD*, à la fois; & il n'y a encore qu'une des racines égales evanouies, & il n'y en a plus à faire évanouir pour la réunion de ces deux tangentes.

Page 174, art. 203, ligne 17.

P*Uiſque l'on peut toujours trouver un cercle qui coupe*

une ligne courbe quelconque, autre qu'un cercle au moins en quatre points.) Voyez ci dessus l'éclaircissement donné sur la *page* 11, *& suiv. art.* 10. Voyez, dis-je, la regle pour la disposition des courbes & la remarque qui suit cette regle *pag.* 15 & 16. de ces Eclaircissemens, ou ce que M. le Marquis de l'Hôpital dit ici, est démontré.

Page 175, sur l'art. 204.

POur avoir la dévelopée, l'Auteur cherche une seconde égalité à la maniere de la premiere pour les comparer ensemble, afin de faire évanouir l'y, & pour en avoir une qui ne renferme d'indéterminées que les s & les t, qui sont les abscisses & les ordonnées de la courbe cherchée. La premiere lui donne $y = \sqrt[3]{\frac{1}{4}aat}$, & la seconde, $y = \frac{6aat}{8as - 4aa} = \frac{3at}{4s - 2a}$ (en faisant $s - \frac{1}{2}a = v$) $= \frac{3at}{4v}$. Donc $\sqrt[3]{\frac{1}{4}aat} = \frac{3at}{4v}$, & $\frac{aat}{4} = \frac{27a^3t^3}{64v^3}$ ou $16v^3 = 27att$.

Remarquez que cette méthode est facile pour avoir les lieux des dévelopées.

Page 178, ligne 3.

PRenez garde que l'on prend ici en general $\frac{xx + yy}{2y} = \frac{aa}{2y}$ ou $xx + yy = aa$, parcequ'on y suppose que AMB est un cercle dont C est le centre, & que par tout $CM = a$. Mais page 179*, on ne le suppose pas ainsi, parceque AMB est une autre courbe où les perpendiculaires CM ne sont pas partout égales.

* Des Infin. Petits.

Prenez garde encore qu'on fait ici les dx positifs, & les dy négatifs, & page 179, on fait les uns & les autres positifs.

Page 178, ligne 6.

SI l'on ne metroit que $\frac{yx-vy}{x-v} = \frac{xx+yy}{2y}$, l'expression seroit générale ; mais dès qu'on substitue aa en la place de $xx + yy$, & qu'on fait $\frac{yx-vy}{x-v} = \frac{aa}{2y}$, on la rend particuliere au cercle.

Page 178, ligne 10.

C'est x qui est incommensurable.

Page 179, ligne 7.

Le dx étant pris ici positif, on y fait dy négatif.

Page 179, ligne 22.

COmme ces MC, mC, ne sçauroient être toutes perpendiculaires à la courbe AMB à moins que cette courbe ne soit un cercle ; il ne s'agit point ici de caustique, mais seulement d'une courbe AFK formée par l'intersection F des MH, mh, en supposant que les triangles MHC, mHC, sont tout isoscelles.

Le dx & de dy sont pris ici tous deux positifs, quoique x & y n'y croissent qu'alternativement comme dans le cas précédent.

AVERTISSEMENT.

LA dissertation qui suit n'est point un éclaircissement sur aucun endroit du Livre de M. le Marquis de l'Hôpital, quoiqu'elle soit sur les mêmes matiéres. Elle s'est trouvée à la fin des Eclaircissemens de M. Varignon sur ce Livre, & toute de sa main comme les Eclaircissemens. Il paroît que de son Registre il l'avoit transportée là, & mise au net en l'état où elle est, afin de la faire imprimer avec ses Eclaircissemens. Ainsi c'est suivre ses intentions que de la donner ici au Public.

DE CALCULO EXPONENTIALI.

CALCULUS quantitatum ad potentias indeterminatas elevatarum, *exponentialis* idcirco dicitur. Hic autem ſtat quaſi medius inter Algebraïcum & tranſcendentem : accedit enim ad Algebraïcum, eo quod terminis finitis ut ut indeterminatis conſtet ; ad tranſcendentem verò, quod nullâ conſtructione Algebraïcâ exhiberi poſſit. Hinc colligere eſt quàm ſuperfluus fuerit jocus Hugenii, curvas exponentiales appellando *hypertranſcendentes*, cùm ſeriò potiùs & congruè illas nominare potuiſſet *hypotranſcendentes*.. Eſt enim & ipſa logarithmica (omnium profectò tranſcendentium ſimpliciſſima) ex hoc curvarum genere, omneſque aliæ exponentiales ope hujus conſtrui & earum tangentes determinari poſſunt, ut ex jam dicendis patebit.

Porrò tranſcendentem ſeu infinitè parvorum calculum huic adhiberi non poſſe in conſiderationibus primis aſſeruit D. Nievwentiit : reſpondit D. Leibnitius ; ſecundas addidit conſiderationes D. Nievwentiit, in quarum ultimâ ſectione tria videntur quæ ſuſpenſum eum maximè tenent circa ea quæ de calculo exponentiali reſpondit ei Leibnitius. Quamobrem ſolvendi primùm illius ſcrupuli ; dein exponendus eſt modus tractandi æquationes curvarum in quibus indeterminatæ exponentes ingreditur.

SOLUTIO DUBIORUM
D. Nievwentiit circa Calculum exponentialem.

TRia ſunt, inquam, quæ hac in parte ſuſpenſum tenent D. Nievwentiit quominus aſcenſum tribuat. 1°. *Quomodo una eademque indeterminata poſſit eſſe in curvâ logarithmicâ de applicatarum genere, & ſimul abſciſſa alterius cujuſdam curvæ ...* 2°. *Quomodo ex æquatione* $x^v = y$, *deducatur hæc æquatio* — vlx = ly (per *lx*, *ly*, *lz*, &c. Intelligo logarithmos ipſarum *x*, *y*, *z*, &c.) ... 3°. *Quomodo* lx *poſſit eſſe* $= S\frac{dx}{x}$.

Fig. 38. Eſto *DE* axis curvæ *HGF*, illique perpendicularis *DC*, axis logarithmicæ *AB*; producatur applicata *FE*, donec occurrat logarithmicæ *AB* in *B*, à quo demiſſa perpendicularis *BC*, æqualis erit abſciſſæ *DE*; eſt autem *BC* applicata logarithmicæ. Ergo patet quâ ratione abſciſſæ *DE*, cujuſcumque curvæ *HGF*, poſſint eſſe de applicatarum genere, non ſolùm in logarithmicâ, ſed in quavis etiam aliâ curvâ *AB*, & quidem ita ut ſalva maneat relatio inter *DE* & *EF*, quocumque etiam modo creſcat *DE*, ſive æqualiter ſive inæqualiter; adeò ut ſumptis ex. gr. differentiis axis logarithmicæ *Cc* æqualibus, nihilominus differentialis *Fg* ad differentialem *Ee*, ſeu ipſa *FE* ad ſubtangentem *EL*, ſuam generalem perpetuò ſervet rationem.

Ad demonſtrandum ſecundum, quod ſit *vlx* = *ly*, inſpiciat, ſi placet, vulgares, quæ proſtant, tabulas logarithmicas, quæ è veſtigio ipſum docebunt, logarithmum numeri quadrati, cubi, biquadrati, &c. eſſe duplum, triplum, quadruplum, &c. logarithmi radicis. Unde generaliter logar. $x^v = vlx$; quid ergo ſi $x^v = y$, annon & eorum logarithmi ſunt æquales, id eſt, *vlx* = *ly*?

Supereſt tertium, quod ita oſtendo. Si $AD = 1 =$ ſubtang. & $BC =$ numero; erit, ut conſtat, DC logarithmus ejuſdem. Eſt autem ex naturâ logarithmicæ ſubtang. in $Bn = BC \times Cc$; & per conſequens $\frac{Bn}{BC} = Cc$, propter ſubtang. $= 1$. Hinc ſi BC ſit x, y, z, &c. Et DC, lx, ly, lz, &c. erit $\frac{dx}{x}$, $\frac{dy}{y}$, $\frac{dz}{z}$, &c. $= dlx$, dly, dlz, &c. Ergo etiam ſummæ $S\frac{dx}{x}$, $S\frac{dy}{y}$, $S\frac{dz}{z}$, &c $= lx$, ly, lz, &c. Undè ſatis mirari nequeo, Doctiſſ. Nievwentiit, qui eamdem ferè demonſtrationem ſibi format, hic diſcrimen quærere in litteris, concedendo $S\frac{dy}{y} = ly$, ſed dubitando an etiam $S\frac{dx}{x} = lx$; quaſi arbitraria denominatio mutationem rei afferat.

Regeret quidem, id de omnibus indeterminatis valere ſi abſolutè conſiderentur; ſed hic x & y conſiderandas eſſe certo ad invicem reſpectu. Aſt quid tum? Demonſtratio generalis eſt & nullâ conditione, nullo reſpectu limitata. Demonſtratum enim eſt, quacumque ratione creſcant De, DE, ſeu bc, BC; quocumque demum appellentur nomine, ſive x, ſive y; ſive abſolutè, ſive reſpectivè conſiderentur, perpetuò earum logarithmos eſſe Dc, DC.

Quod autem aſſumatur $AD = 1 =$ ſubtang. id compendii gratiâ tantum fit: quamcumque enim quantitatem, quidni ergo & ſubtangentem, unitati ſubſtituere tutò licet, ſi modo ad aſſumptam cæteræ omnes referantur. Diſcuſſis jam, ut opinor, diſſipulatam nebulis, venio ad ipſam exponentialium tractationem.

DE IPSO CALCULO EXPONENTIALI.

QUantitates exponentiales ſunt diverſorum graduum, quorum infimus (qui hactenus tantùm fuerat conſideratus) est, quando exponens constat indeterminatis ordinariis, ut y^m, x^n, z^p; posito m, n, p, esse quantitates simpliciter indeterminatas. Quantitas exponentialis secundi gradûs est, cùm exponens ipse est quantitas exponentialis, ut y^{mn}, z^{pq}; & sic in universum quantitas exponentialis cujuscumque gradûs habet pro exponente quantitatem exponentialem gradûs proximè præcedentis. Idem etiam intellige de æquationibus & curvis exponentialibus; tunc æquatio & curva per illum designata sortietur nomen à potiori. De quibus omnibus hæc habe:

Esto logarithmica quævis *AB*, sumptâque subtangente pro unitate, & ipsi æqualis prima applicata *AD*; ordinata *BC* quovis modo varians, sive sit de applicatarum sive de abscissarum genere alterius cujuscumque curvæ, si modo per minima crescat, sive æqualiter sive inæqualiter, sit $= x$, y, z, adeòque $DC = lx$, ly, lz; $Cc = dlx$, dly, dlz, &c. Unde fluit Regula generalis sequens;

REGULA GENERALIS.

Differentiale logarithmi utcunque compositi est æquale differentiali numeri diviso per numerum, *ut* $dl\sqrt{xx+yy} = \frac{xdx+ydy}{xx+yy}$.

Ad differentiandum ergo quantitatem exponentialem primi gradûs m^n, fiat $m^n = t$. Ergo $nlm = lt$; & differentiando juxta calculum differentialem, $lmdn + ndlm = dlt$. At per Regulam generalem $dlm = \frac{dm}{m}$, & $dlt = \frac{dt}{t}$; ideòque $\frac{ndm}{m} + lmdn = \frac{dt}{t}$ (ob $m^n = t$) $= \frac{dt}{m^n}$. Undè dt seu $dm^n = nm^{n-1}dm + m^n lmdn$, id quod suggerit *Regulam primam specialem* pro exponentialibus

tialibus primi gradûs; possunt enim pro m & n quantitates intelligi quomodocumque ex indeterminatis compositæ.

REGULA SPECIALIS I.

$$dm^n = nm^{n-1}\, dm + m^n\, lmdn.$$

ESto jam exponentialis secundi gradûs m^{n^p}, ponatur illa $= t$; adeoque $n^p lm = lt$; & sumptis utrobique differentialibus modo communi, $n^p dlm = dlt$. Quoniam autem per Regulam primam specialem $dn^p = pn^{p-1}\, dn + n^p\, lndp$; & per Regulam generalem $dlm = \frac{dm}{m}$, $dlt = \frac{dt}{t}$; habebitur *Regula secunda specialis* pro exponentialibus secundi gradûs, quæ hæc est.

REGULA SPECIALIS II.

$$dm^{n^p} = n^p m^{n^p-1} dm + pn^{p-1} m^{n^p} lmdn + n^p m^{n^p} lmlndp.$$

EOdem modo invenientur Regulæ sequentes pro altiorum graduum exponentialibus. Nec difficilius differentiantur quantitates quomodocumque ex illis compositæ, ut $dm^n p^q = p^q dm^n + m^n dp^q$, ubi si surrogetur valor ipsarum dp^q, dm^n, modò supra inventus, prodibit differentiale quæsitum.

Hactenus explicata sufficiunt pro generali exponentialium differentiandarum adumbratione. Videamus paucis applicationem in uno alterove exemplo.

I. Construenda est curva, cujus natura exprimitur per hanc æquationem exponentialem $x^x = y$; ejusque tangens determinanda.

Sumptis logarithmis, habetur $xlx = ly$. Facta itaque logarithmicâ AB, cujus subtangens sit $= 1 = AD$, sitque DE vel $BC = x$, erit $DC = lx$, & per Fig. 38.

$(1) . (x) :: (lx)$.

consequens si fiat $AD . BC :: DC . DM$. Erit $DM = ly$, & $MN = y$, cui si æqualis applicetur EF ad abscissam DE, erit punctum F in curvâ optatâ HGF.

Tangens in F determinatur sic : Per Regulam primam specialem est $dy = x^x dx + x^x lxdx =$ (substituto y loco x^x) $= ydx + ylxdx$, id est, $y + ylx . 1 :: dy . dx :: y$. Subtang. $= \frac{1}{1+lx}$. Hinc sumptâ EL tertiâ proportionali ad $AD + DC$ & AD, erit FL tangens, quam proin in terminis ordinariis, id est, finitis expressimus.

Hujus autem curvæ notabiles quasdam proprietates recensuisse non abs re erit. Applicatæ AG, DH, subtangens puncti G, & AD, omnes inter se & subtangenti logarithmicæ sunt æquales. Item ductâ ex H applicatâ ad logarithmicam HP, & PR parallelâ ipsi HD secante curvam in O; erit OR omnium ordinatarum brevissima, id est, punctum O omnium curvæ punctorum minimè distat ab axe DE.

Habemus etiam generalem Methodum quadrandi hujusmodi Figuras, cui ipse Leibnitius, licet consimilem invenerit pro ingenii quo pollet acumine, haud tamen facilè obviam esse ultrò agnovit. Hanc interim animadverto quadraturam præ omnibus aliis memorabilem, quæ ob curiosam seriem, quâ exprimitur, mirificè placuit huic geometræ. Si enim AD vel DH vel AG vocetur 1, erit spatium $DAGOH =$ summæ seriei $1 - \frac{1}{2^2} + \frac{1}{3^3} - \frac{1}{4^4} + \frac{1}{5^5}$ &c.

II. Quod si proponatur curva, cujus æquatio $x^y = a$: habebitur ad logarithmos redacta $ylx = la$; undè, ut supra per logarithmicam factum est, elicitur curvæ constructio. Differentiando autem per Reg. 1. spec. erit $xlxdy = - aydx$, id quod subtangentem determinat.

III. Esto curvæ æquatio $x^x = a^y$, & proinde xlx

$= yla$, quod constructioni inservit: sumptis per Reg. 1. spec. differentialibus, obtinetur $dx + lxdx = lydy$, ex quo pariter subtangentis determinatio fluit. Observatu dignum hic venit, quod hujus figuræ quadratura citra seriem possit exhiberi; est enim $lydx = \frac{2xxlx - xx}{la}$.

IV. Si proponeretur $a^x = y$; adeòque $xla = ly$: prodiret $yladx = dy$, id est, subtangens foret $= \frac{1}{la} =$ constanti. Unde concludendum æquationem propositam ipsi logarithmicæ competere.

V. Esto jam exponentialis plurium terminorum ex. gr. $x^x + x^a = x^y + y$. Sumptis separatim differentialibus cujuscunque termini per Reg. 1. spec. reperietur $dx^x = x^x dx + x^x lxdx$, $dx^a = ax^{a-1}dx$, $dx^y = yx^{y-1}dx + x^y lxdy$, quæ ritè disposita dabunt hanc æquationem $x^x dx + x^x lxdx + ax^{a-1}dx - yx^{y-1}dx = x^y lxdy + dy$. Facto itaque ut dy ad dx, id est, ut $x^x + x^x lx + ax^{a-1} - yx^{y-1}$ ad $x^y lx + 1$, ita y ad quartum; erit hæc quarta subtangens quæsita curvæ propositæ.

Nota interim quod multitudo terminorum constructionem planè non impediat; cùm enim mediante logarithmicâ singulis seorsim assignari possit quantitas æqualis, patet utique quantitates istas hoc modo assignatas & simul sumptas formare illam ipsam quæ quæritur.

Exempla hucusque allata abundè illustrabunt processum instituendum in aliis primi gradûs exponentialibus, exque illis haud difficulter perspicitur quomodo Methodus applicanda sit ad altiores gradus: in omnibus enim par operandi ratio observanda est.

AVERTISSEMENT.

Tout cela est de M. Bernoulli le jeune, Professeur à Groningue : il se trouve dans les Actes de Leipsik au mois de Mars de 1697, page 125, & seq. Je l'avois déja trouvé & écrit dans mon Registre dès 1695, à l'occasion de ce que M. Leibnitz venoit de répondre à M. Nievwentiit sur cette matiere dans les Actes de Leipsik au mois de Juillet de cette année 1695. Le voici tel que je le trouve dans ce Registre : je n'y ai fait mention que des quantités exponentielles du premier degré, ne songeant pas alors à d'autres ; mais la Regle generale précedente de M. Bernoulli s'y trouve démontrée dès ce tems-là : ainsi il ne falloit que penser aux autres degrés d'exponentielles pour les en tirer de même que je fis celles du premier. Je ne songeai point non plus alors à aucune caracteristique de logarithmes : je les appellai par des lettres particulieres dont il faut avouer que la multiplicité embarasse la mémoire ; c'est pour cela que je leur vas substituer la caracteristique l *de M. Bernoulli, c'est-à-dire, que pour exprimer les logarithmes de* a, b, c, &c. *Je dirai* la, lb, lc, &c. *Du reste ce sera la même chose que dans le Registre dont je viens de parler.*

METHODE

POUR TROUVER LES TANGENTES DES COURBES exprimées par des égalités qui ont des exposans indéterminés.

LEMME I.

Le produit fait de l'exposant d'une puissance quelconque, par le logarithme de sa racine, est toujours le logarithme de cette même puissance.

DE'MONSTRATION.

SOit telle puiſſance a^p qu'on voudra, dont la racine a ait la pour logarithme. Je dis que pla eſt le logarithme de cette puiſſance a^p. Car par la nature des logarithmes, la ſomme des logarithmes de pluſieurs grandeurs eſt toujours le logarithme du produit qui en réſulte. Or la puiſſance a^p eſt un produit d'autant de grandeurs a qu'il y a d'unités dans ſon expoſant p. Donc la ſomme faite d'autant de fois le logarithme de a, qu'il y a d'unités dans p, c'eſt-à-dire, le produit pla, eſt le logarithme de la puiſſance a^p. *Ce qu'il falloit démontrer.*

LEMME II.

LE logarithme d'une grandeur variable quelconque, eſt égal à la ſomme des fractions faites de ſa differentielle diviſée par cette grandeur elle-même par ex. Le logarithme de y, *c'eſt* $S\frac{dy}{y}$.

DEMONSTRATION.

SOit ly le logarithme de la grandeur variable y, avec la logarithmique ABC dont l'aſymptote DO. Soit D l'origine des coupées $DE = ly$, les ordonnées $BE = y$, la ſoutangente $EF = a$. L'on aura $BE\ (y) . EF\ (a) :: BH\ (dy) . Hb\ (dly) = \frac{ady}{y}$. Donc en intégrant, * $S\frac{ady}{y} = ly$ logarithme de y; & par conſéquent en prenant $a = 1$, l'on aura $S\frac{dy}{y}$ pour le logarithme cherché de la grandeur y. *Ce qu'il falloit démontrer.* Fig. 39.

* Ces grandes S ſignifient Sommes.

COROLLAIRE. I.

SI au lieu de y la grandeur variable dont on cherche

le logarithme, eût été $b + z$, l'on auroit trouvé de même son logarithme $= S\frac{adz}{b+z}$ ou $S\frac{dz}{b+z}$; car en prenant y pour $b + z$, son logarithme $S\frac{ady}{y}$ ou $S\frac{dy}{y}$, se changera en $S\frac{adz}{b+z}$ ou $S\frac{dz}{b+z}$ logarithme de $b + z$.

On le peut encore démontrer immédiatement comme ci-dessus, en prenant l'ordonnée AD pour la grandeur constante b, les BK (terminées par AK paralelle à DO) pour z, & DE pour $\overline{lb+z}$. Car l'on aura encore $BE\,(b+z) \,.\, EF\,(a) :: BH\,(dz) \,.\, Hb\,(\overline{dlb+z})$
Fig. 40. $= \frac{adz}{b+z}$. De sorte qu'en intégrant, l'on aura $S\frac{adz}{b+z} = \overline{lb+z}$ logarithme (*hyp.*) de $b+z$, ou en faisant $a = 1$, l'on aura aussi $S\frac{dz}{b+z}$ pour le logarithme de cette même grandeur $b + z$.

COROLLAIRE II.

PUisque le logarithme d'une grandeur variable, vaut la somme des fractions de sa difference divisée par cette même grandeur,

1°. x^x aura son logarithme $= S\frac{x \times x^{x-1}dx}{x^x} = Sdx = x$.

2°. x^{x+p} aura son logarithme $= \frac{\overline{x+p} \times x^{x+p-1}dx}{x^{x+p}} = S\frac{\overline{x+p} \times dx}{x} = S\overline{dx + \frac{pdx}{x}} = x + S\frac{pdx}{x}$.

3°. $x^3 + ax^2$ aura son logarithme $= S\frac{3xxdx + 2axdx}{x^3 + ax^2} = S\frac{3xdx + 2adx}{xx + ax}$.

4°. $x^x + ax^{x-1}$ aura son logarithme $= S\frac{x \times x^{x-1}dx + \overline{x-1} \times ax^{x-2}dx}{x^x + ax^{x-1}}$ (divisant le tout par x^{x-2}) $= S\frac{xxdx + \overline{x-1} \times adx}{xx + ax} = S\overline{dx - \frac{adx}{xx-aa}} = x - S\frac{adx}{xx-ax}$. Et ainsi des autres.

SCHOLIE.

IL eſt à remarquer que quoique le raport de x à dx ſoit infini, la fraction $\frac{dx}{x}$ n'eſt pas zero pour cela; parceque dx eſt ici cenſée multipliée par la ſoutangente a de la logarithmique, laquelle ſoutangente eſt ici priſe pour l'unité linaire, & non pas numerique; pour x, elle eſt multipliée par l'unité numérique.

Ainſi $\frac{dx}{x}$ eſt ici la même choſe que $\frac{adx}{x}$: c'eſt pourquoi l'on peut prendre indifferemment $S\frac{dx}{x}$ ou $S\frac{adx}{x}$ pour le logarithme de x; & ainſi des autres. C'eſt-à-dire, qu'en prenant a pour la ſoutangente d'une logarithmique, tous les logarithmes ci-deſſus, multipliés par a, ſeront encore les mêmes; & cette derniere maniere de les exprimer me paroît plus commode en bien des rencontres que celle de ci-deſſus.

REMARQUE.

POur ne ſe pas méprendre entre l'unité linaire & l'unité numérique, il ne faut jamais prendre aucune grandeur continue pour l'unité numérique. Il faut donc par tout ici reſtituer a pour l'unité qu'on a miſe en ſa place.

PROBLÊME.

TRouver la ſoutangente de la courbe dont le lieu eſt $x^v = y$; *les coupées en ſont exprimées par* x, *les ordonnées par* y, *&* v *eſt un expoſant variable comme elles.*

SOLUTION.

PUiſque $x^v = y$, l'on aura (*Lem.* 1.) $vlx = ly$. Or (*Lem.* 2.) $lx = S\frac{dx}{x}$, & $ly = S\frac{dy}{y}$. Donc $v \times S\frac{dx}{x} =$

$S\frac{dy}{y}$. Ainsi en différenciant l'on aura $\frac{vdx}{x} + dv \times S\frac{dx}{x} = \frac{dy}{y}$, ou (en prenant lx pour $S\frac{dx}{x}$ logarithme de x) $\frac{vdx}{x} + lxdv = \frac{dy}{y}$. Mais à cause que x & y sont (*hyp.*) données, l'on aura aussi v; & par conséquent dv, par exemple $dv = mdx + ndy$; ce qui donnera aussi m & n. Donc $\frac{vdx}{x} + lx \times mdx + lx \times ndy = \frac{dy}{y}$, ou $\frac{vdx}{x} + lx \times mdx = \frac{dy}{y} - lx \times ndy$; & par conséquent $dx \,.\, dy :: \frac{1}{y} - nlx \,.\, \frac{v}{x} + mlx$. *Ce qu'il falloit trouver.*

SCHOLIE.

IL est à remarquer (*Lem.* 2.) que dans $S\frac{dx}{x}$, $S\frac{dy}{y}$, la soutangente a de la logarithmique a été faite $= 1$; & que, si on l'eût exprimée, l'on auroit eu $S\frac{adx}{x}$, $S\frac{ady}{y}$, au lieu de $S\frac{dx}{x}$, $S\frac{dy}{y}$, pour les logarithmes de x, y. Le lieu $x^v = y$ auroit donné $v \times S\frac{adx}{x} = S\frac{ady}{y}$; & differenciant $\frac{vadx}{x} + dv \times S\frac{adx}{x} = \frac{ady}{y}$; ou (en prenant encore lx au lieu de $S\frac{adx}{x}$ logarithme de x, & $dv = mdx + ndy$, l'on aura $\frac{vadx}{x} + mlxdx + nlxdy = \frac{ady}{y}$, c'est-à-dire, $\frac{vadx}{x} + mlxdx = \frac{ady}{y} - nlxdy$; ce qui donne encore $dx \,.\, dy :: \frac{a}{y} - nlx \,.\, \frac{va}{x} + mlx$. *Ce qu'il falloit trouver.*

REMARQUE.

VOici comment M. Leibnitz le démontre dans les Actes de Leipsik du mois de Juillet 1695, pag. 314.

» Nempè sit $x^v = y$, fiet $v \times log - x = log - y$.
» Jam $log - x = S\frac{dx}{x}$, & $log - y = S\frac{dy}{y}$. Ergo $v \times$
» $S\frac{dx}{x} = S\frac{dy}{y}$; quam differenciando, fit $\frac{vdx}{x} + dv \times log$
» $- x = \frac{dy}{y}$. Porrò v debet dari ex x & y, ambobus
» vel singulis. Ergo scribi potest $mdx + ndy = dv$, &
» m pariter atque n dabuntur ex x & y; & prodibit
» $\frac{vdx}{x} + mdx \times log - x = \frac{dy}{y} - ndy \times log - x$; & fiet
» dx ad dy (seu subtang. ad ordinatam) ut y ad $\frac{v}{x} +$
» $m \times log - y$. [*Prenez garde : il faut*, $dx \,.\, dy :: \frac{1}{y} -$
$n \times log$

$n \times \log - x . \frac{v}{x} + m \times \log - x.$] » Itaque habebitur mo-
» dus ducendi tangentem talis curvæ, ex suppositâ
» hyperbole quadraturâ vel logarithmis. Pro genera-
» li autem differenciatione exponentialium sufficit Al-
» gorithmo meo hunc Canonem ascribi. Diff. $x^v =$
» $vx^{v-1}dx + dv \times \log - x.$(Il faut : Diff. $x^v = vx^{v-1}dx$
» $+ x^v dv \times \log - x.$) Undè si v sit constans numerus, ut
» e, prodit diff. $x^e = ex^{e-1}dx$. Quod est Theorema no-
» stri Algorithmi pro differenciatione potentiarum vel
» radicum, dudum traditum.

AVERTISSEMENT. I.

JE trouve ici dans mon registre qu'*il faut èxaminer ce Canon avec la derniere Analogie ci-dessus.* Pour cette derniere Analogie, il est visible que c'est une faute de calcul ou d'impression, de même que dans le Canon précédent.

Voici la démonstration de ce Canon : sçavoir que diff. $x^v = vx^{v-1}dx + x^v dv \times \log - x$. Car soit $x^v = y$, l'on aura $vlx = ly$, & en differenciant $lxdv + vdlx = dly$ ou (*Lem.* 2.) $lxdv + \frac{vdx}{x} = \frac{dy}{y} = \frac{dx^v}{x^v}$. Donc $dx^v = x^v lxdv + vx^{v-1}dx$, ou (dans le langage de M. Leibnitz) diff. $x^v = x^v dv \times \log - x + vx^{v-1}dx$. *Ce qu'il falloit démontrer.*

AVERTISSEMENT II.

Voici ce qui suit dans mon Registre.

REMARQUEZ que Nievwentiit ne se sert point de logarithmes lorsque les exposans sont indéterminés, & qu'il les différencie aussi. Par *ex.* pour differencier l'équation $x^v = y$, il feroit $\overline{x + dx}^{v+dv} = y + dy$; ce qui donne $x^{v+dv} + \overline{v + dv} \times x^{v+dv-1} dx$ &c $= y + dy$; & par conséquent $x^{v+dv} + \overline{v + dv} \times x^{v+dv-1} - y$ (x^v)

$= dy$. Mais parceque dv, dx, dy, sont zero par rapport aux grandeurs ausquelles ils sont joints, cette équation se réduit à $x^v - x^v = o$; ce qui est une proposition identique qui, quoique vraie, ne prouve rien. C'est aussi ce que M. Leibnitz trouve en suivant la pratique de M. Nievwentiit. Voici ses paroles dans les Actes de Leipsik au mois de Juillet 1695, pag. 313.

» Ego quoque sum expertus, ut si sit $b^x = y$, po-
» sitâ b constante, tunc * $b^{x+dx} - b^x = dy$; & hanc
» dividendo per b^x, erit $b^{dx} - 1 = \frac{dy}{b^x}$; & pro dx &
» dy ponendo o, fit $b^o - 1 = \frac{o}{b^x}$, seu $b^o - 1 = o$,
» sed $b^o = 1$, ut constat. Ergo fit $1 - 1 = o$. Sed ta-
» lis identismus in calculo meo differentiali evitatur.
» Interim non diffiteor obtulisse se mihi casus ubi ista
» quoque calculandi ratio non prorsus negligenda sit.

* Car $b^x = y$ donne $b^{x+dx} = y + dy$; & en retranchant la premiere égalité de celle-ci, l'on aura $b^{x+dx} - b^x = dy$.

AVERTISSEMENT III.

Jusques-là, c'est ce qui se trouve dans mon Registre sous le titre de Methode pour trouver les tangentes des Courbes exprimées par des égalités qui ont des exposans indéterminés. Voici ce que je trouve encore de ce même calcul dans un autre endroit de ce Registre.

METHODE

POUR TROUVER LES VALEURS DES PUISSANCES dont les seuls exposans sont inconnus, c'est-à-dire, de trouver les exposans inconnus.

DAns la Solution des égalités on n'a cherché jusqu'ici que les racines inconnues, les exposans des puisſances étant toujours ſuppoſés connus. Mais M. Leibnitz dans les Journaux de Leipſik (*1683, &c.*) raiſonnant ſur l'intereſt a rencontré des exemples où tout eſt connu, excepté les expoſans des puiſſances. En voici un qu'il donne dans le Journal de France du lundi 14 Juillet 1692. Sçavoir $c^x = ab^{x-1}$. On demande la valeur de l'expoſant x; & il répond que *ce nombre ſera égal à ce qui provient lorſque le logarithme de* a, *moins le logarithme de* b, *eſt diviſé par le logarithme de* b.

Pour le démontrer, en voici la Methode.

LEMME.

Le produit fait de l'expoſant d'une puiſſance quelconque par le logarithme de ſa racine, eſt toujours le logarithme de cette même puiſſance.

La démonſtration en eſt ici la même que dans la Méthode précédente, c'eſt pour cela que je ne la rapporte point.

Les logarithmes des grandeurs ſe trouvent auſſi exprimées en cet endroit par des lettres particulieres; mais pour une plus grande facilité, nous allons encore les exprimer par la caractériſtique l miſe au devant de ces grandeurs: ainſi la ſignifiera le logarithme de a; de même lx, ly, lz, &c. ſignifieront les logarithmes de x, y, z, &c.

PROBLÊME I.

Soit $c^x = ab^{x-1}$; *on demande l'expoſant* x.

SOLUTION.

Je dis que $x = \frac{la - lb}{lc - lb}$.

DEMONSTRATION.

CAr puisque (*hyp.*) $c^x = ab^{x-1}$, on aura $a \,.\, c :: c^{x-1} \,.\, b^{x-1}$. Donc par la nature des logarithmes & par le Lemme précédent $la \,.\, lc \div \overline{x-1} \times lc \,.\, \overline{x-1} \times lb$. Ce qui donne $la + xlb - lb = lc + xlc - lc$, & de là $la - lb = xlc - xlb$. Donc $\frac{la-lb}{lc-lb} = x$. *Ce qu'il falloit démontrer.*

AVERTISSEMENT I.

J'Ajoute qu'en calculant comme dans la Methode des tangentes ci-dessus, cette Démonstration auroit été plus simple.

En effet puisque (*hyp.*) $c^x = ab^{x-1}$, l'on auroit eu (*Lem. 1.*) $xlc = la + \overline{x-1} \times lb = la + xlb - lb$; & par conséquent $xlc - xlb = la - lb$. Donc $x = \frac{la-lb}{lc-lb}$. *Ce qu'il falloit démontrer.*

PROBLÊME II.

Trouver un nombre x *tel que* x^x *soit* $= a$, & $x^{x+p} = b$.

SOLUTION.

PUisque la premiere condition du Problême donne $x^x = a$; & par conséquent $1 \,.\, x :: x^{x-1} \,.\, a$. La nature des logarithmes & le Lemme précédent donneront $l1 \,.\, lx \div \overline{x-1} \times lx \,.\, la$, en proportion arithmetique. Donc $l1 + la = lx + \overline{x-1} \times lx = xlx$. Et par conséquent 1°. $\frac{l1+la}{lx} = x$, ou 2°. $\frac{l1+la}{x} = lx$.

De même, puisque la seconde condition du Problême donne $x^{x+p} = b$; & par conséquent $1 \,.\, x :: x^{x+p-1}$.

b. La nature des logarithmes & le Lemme précédent donneront encore $l1 \,.\, lx \div \overline{x+p} - 1 \times lx \,.\, lb$, en proportion arithmétique; donc $l1 + lb = lx + xlx + plx - lx$ ou $l1 + lb = xlx + plx$, ou bien encore $l1 + lb - plx = xlx$. Et par conséquent 1°. $\frac{l1 + lb - plx}{lx} = x$, & 2°. $\frac{l1 + lb}{x + p} = lx$.

SOLUTION. I.

DOnc $\frac{l1 + la}{lx} = \frac{l1 + lb - plx}{lx}$, ou $la = lb - plx$, ou $plx = lb - la$; ce qui donne $lx = \frac{lb - la}{p}$. Ainsi la grandeur cherchée x a pour le logarithme $\frac{lb - la}{p}$, c'est-à-dire, le quotient du logarithme de la raison de b à a, divisé par la partie p donnée du second exposant x. *Ce qu'il falloit trouver.*

SOLUTION II.

DOnc aussi $\frac{l1 + la}{x} = \frac{l1 + lb}{x + p}$; ce qui donne en faisant évanouir les fractions, $xli + xla + pli + pla = xli + xlb$, ou $pli + pla = xlb - xla$. Donc $\frac{pli + pla}{lb - la} = x$. C'est-à-dire que la grandeur cherchée x est égale au quotient du produit du logarithme de a par p, divisé par le logarithme de la raison de b à a. *Ce qu'il falloit trouver.*

AVERTISSEMENT II.

J'Ajoute encore qu'en calculant comme dans la Méthode des tangentes ci-dessus, cette Solution auroit été beaucoup plus simple.

En effet puisque (*hyp*) $x^x = a$, l'on auroit eu $xlx = la$; ce qui auroit donné $x = \frac{la}{lx}$, & $lx = \frac{la}{x}$.

De même puisque (*hyp.*) $x^{x+p} = b$ l'on auroit eu $xlx + plx = lb$; ce qui auroit aussi donné $x = \frac{lb + plx}{lx}$, & $lx = \frac{lb}{x+p}$.

Donc 1°. $\frac{la}{lx} = \frac{lb - plx}{lx}$; ce qui donne $lx = \frac{lb - la}{p}$. Et 2°. $\frac{la}{x} = \frac{lb}{x+p}$; ce qui donne $xla + pla = xlb$, ou $xlb - xla = pla$, & enfin $x = \frac{pla}{lb - la}$. *Ce qui est tout ce qu'il falloit trouver.*

Ces formules ne different des précédentes que de ll logarithme de l'unité, lequel étant $= 0$ ne devoit pas être compté dans la Solution du Registre, qui fait la premiere de celles-ci.

Le contenu de ces Avertissemens 1 (Probl. 1. *) & 2 (* Probl. 2. *) ne se trouve point dans le Registre ; mais bien tout le reste avec ce qui suit.*

SCHOLIE.

SI l'on eût supposé $x^{x-p} = b$, ou $x^{-x-p} = b$, ou $x^{-x+p} = b$. On auroit trouvé de même la valeur de x. Comme c'est présentement une chose aisée, je ne m'y arrêterai pas davantage.

FIN.

FAUTES A CORRIGER.

PAge 5. ligne 6. dont l'artifice, *lisez* tout l'artifice.
Page 17, *ligne* 6, mettez à la marge *Fig.* 5.
Page 24, *ligne* 20, mettez à la marge *Fig.* 10.
Page 32, *ligne* 9, PROHLEˊME, *lisez* PROBLEˊME.
Page 76, *ligne* 6, à la marge *Fig.* 32, lisez *Fig.* 31.
Page 77, à la marge *Fig.* 125, ajoutez *des Infin. Petits.*
Page 80, *ligne* 7, à la marge *Fig.* 33, lisez *Fig.* 32.
Page 83, *ligne* 3, à la marge *Fig.* 32, lisez *Fig.* 33.
Page 87, *ligne* 17, à la marge *Fig.* 33, lisez *Fig.* 34. & 35.
Page 88, *ligne* 2, à la marge *Fig.* 34, lisez *Fig.* 34. & 35.
Page 89, *ligne* 4, à la marge *Fig.* 35, lisez *Fig.* 35 *des Infin. Petits.*

De l'Imprimerie de J. QUILLAU, rue Gallande, 1725.

APPROBATION.

J'Ai lû par ordre de Monseigneur le Garde des Sceaux un Manuscrit qui a pour titre *Nouveaux Eclaircissemens sur l'Analyse des Infiniment Petits*, par feu Monsieur Varignon, Professeur de Philosophie au College Royal, & des Académies des Sciences de Paris, de Londre, & de Berlin. J'ai crû que ces Eclaircissemens feroient plaisir au Public & seroient fort utiles. Fait à Paris ce dernier jour d'Avril 1723.

SAULMON.

PRIVILEGE DU ROY.

LOUIS PAR LA GRACE DE DIEU ROY DE FRANCE ET DE NAVARRE: A nos Amez & feaux Conseillers, les Gens tenans nos Cours de Parlement, Maîtres des Requêtes ordinaires de notre Hôtel, Grand Conseil, Prevôt de Paris, Baillifs, Senêchaux, leurs Lieutenans Civils, & autres nos Justiciers qu'il appartiendra, SALUT. Notre bien amé JACQUES ROLLIN Libraire à Paris, Nous ayant fait remontrer qu'il souhaiteroit faire imprimer & donner au Public un Livre qui a pour titre *Nouveaux Eclaircissemens sur l'Analyse des Infiniment Petits*, par feu M. Varignon; s'il Nous plaisoit lui accorder nos Lettres de Privilege sur ce nécessaires. A CES CAUSES, Voulant traiter favorablement ledit Exposant; Nous lui avons permis & permettons par ces Présentes de faire imprimer ledit Livre en tels volumes, forme, marge, caractere, conjointement ou séparément, & autant de fois que bon lui semblera; & de le vendre, faire vendre, & débiter par tout notre Royaume, pendant le temps de huit années consécutives, à compter du jour de la datte desdites Présentes. Faisons défenses à toutes sortes de personnes de quelque qualité & condition qu'elles soient d'en introduire d'impression étrangere dans aucun lieu de notre obéissance; comme aussi à tous Libraires-Imprimeurs & autres d'imprimer, faire imprimer, vendre, faire vendre & débiter, ni contrefaire ledit Livre en tout ni en partie, ni d'en faire aucuns extraits sous quelque prétexte que ce soit, d'augmentation, correction, changement de titre ou autrement, snas la permission expresse & par écrit dudit Exposant ou de ceux qui auront droit de lui, à peine de confiscation des Exemplaires contrefaits, de quinze cens livres d'amende contre chacun des contrevenans, dont un tiers à Nous, un tiers à l'Hôtel-Dieu de Paris; l'autre tiers audit Exposant, & de tous dépens, dommages & interêts: à la charge que ces Présentes seront enregistrées tout au long sur le Registre de la Communauté des Libraires & Imprimeurs de Paris, & ce dans trois mois de la date d'icelles; que l'impression de ce Livre sera faite dans notre Royaume & non ailleurs, en bon papier & en beaux caracteres, conformément aux Reglemens de la Librairie; & qu'avant que de l'exposer en vente, le manuscrit ou imprimé qui aura servi de copie à l'impression dudit Livre, sera remis dans le même état où l'approbation y aura été donnée, ès mains de notre très-cher & féal Chevalier Garde des Sceaux de France le sieur Fleuriau d'Armenonville, & qu'il en sera ensuite remis deux Exemplaires dans notre Bibliothéque publique, un dans celle de notre Château du Louvre, & un dans celle de notredit très-cher & féal Chevalier Garde des Sceaux de France le sieur Fleuriau d'Armenonville; le tout à peine de nullité des Présentes, du contenu desquelles vous mandons & enjoignons de faire jouir l'Exposant ou ses ayans causes pleinement & paisiblement sans souffrir qu'il leur soit fait aucun trouble ou empêchement. Voulons que la copie desdites Presentes, qui sera imprimée tout au long au commencement ou à la fin dudit Livre, soit tenue pour dûement signifiée, & qu'aux copies collationnées par l'un de nos amez & feaux Conseillers & Secretaires, foi soit ajoûtée comme à l'Original. Commandons au premier notre Huissier ou Sergent de faire pour l'exécution d'icelles tous Actes requis & nécessaires sans demander autre permission, & nonobstant Clameur de Haro, Chatte Normande & Lettres à ce contraires: Car tel est notre plaisir. DONNÉ à Paris le septiéme jour du mois de Mai l'an de grace mil sept cent vingt-trois, & de notre Regne le huitiéme. Par le Roi en son Conseil, DE SAINT HILAIRE.

Registré sur le Registre V. de la Communauté des Libraires & Imprimeurs de Paris, page 257. *N°.* 527. *conformément aux Reglemens, & notamment à l'Arrest du Conseil du 13 Août 1703. A Paris le 28 Mai 1723.* BALLARD, Syndic.

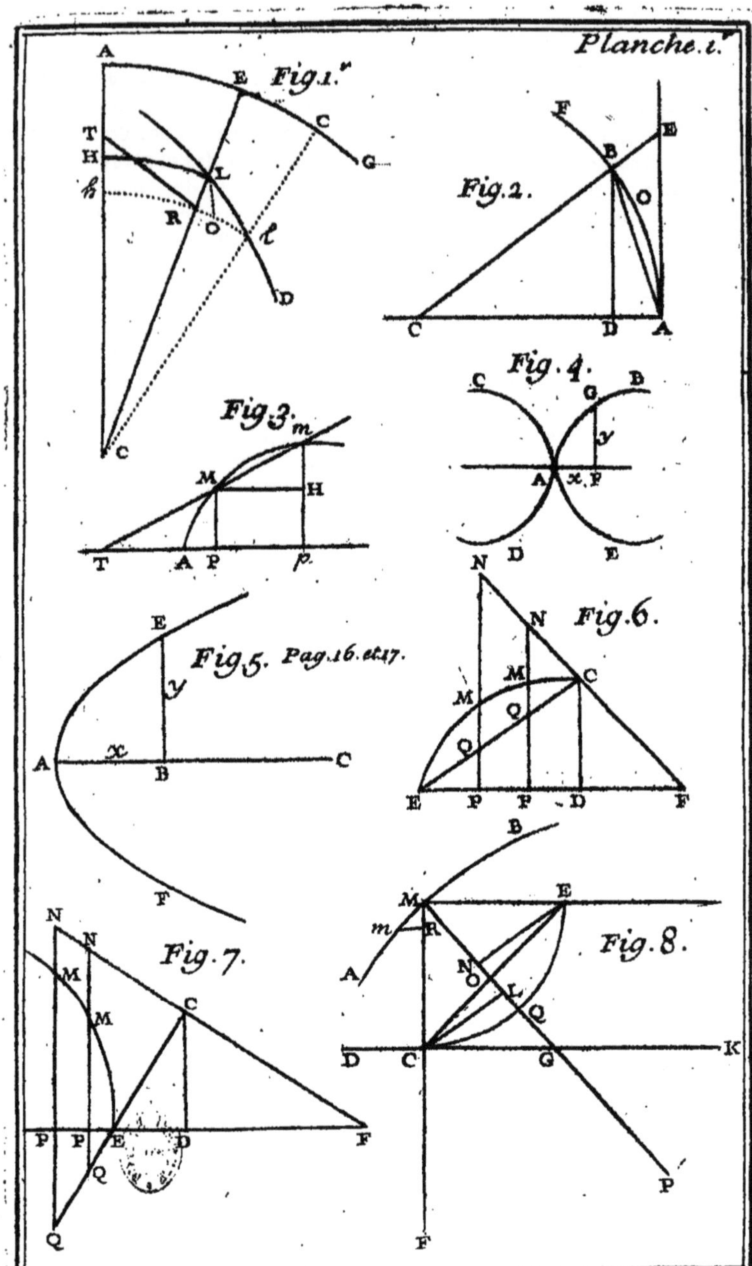
Planche. 1.re
Fig. 1.re
Fig. 2.
Fig. 3.
Fig. 4.
Fig. 5. Pag. 16. et 17.
Fig. 6.
Fig. 7.
Fig. 8.

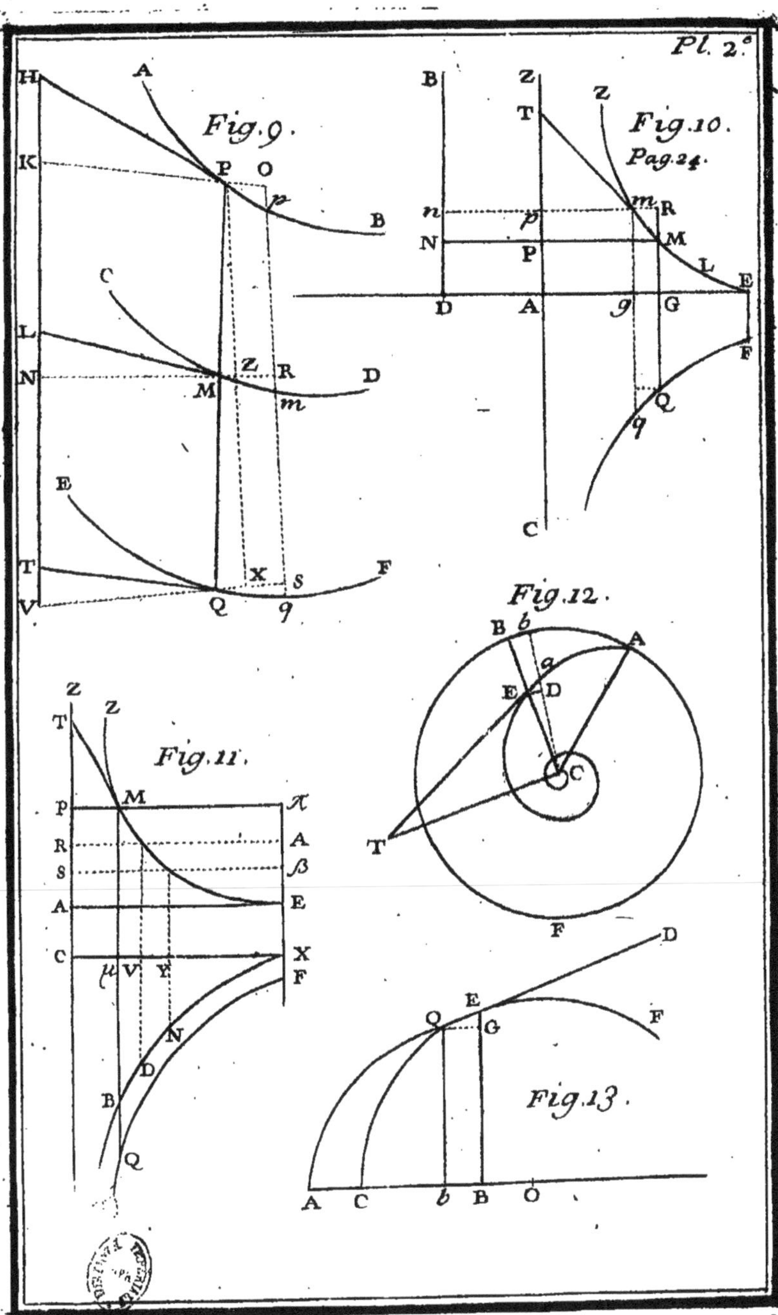
Pl. 2e
Fig. 9.
Fig. 10.
Pag. 24.
Fig. 11.
Fig. 12.
Fig. 13.

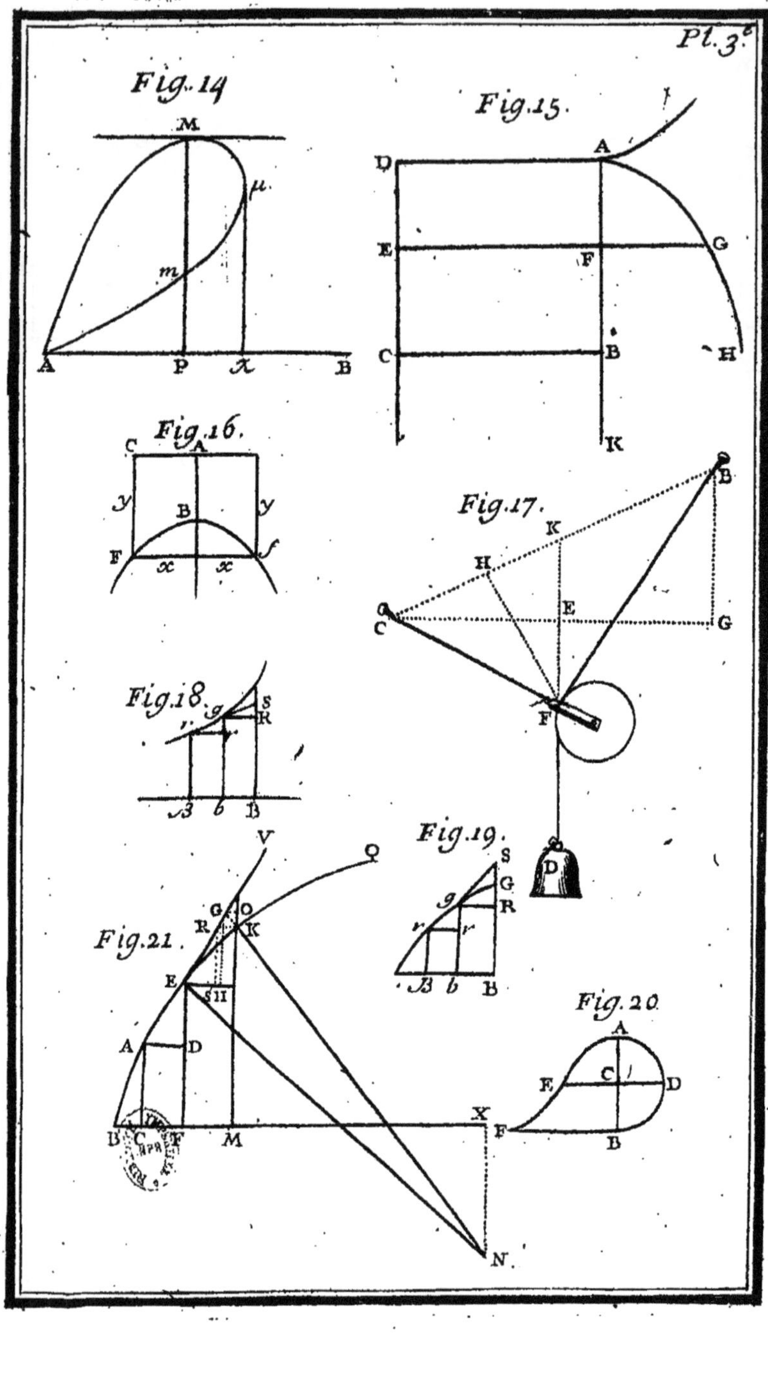

Pl. 3e
Fig. 14
Fig. 15
Fig. 16
Fig. 17
Fig. 18
Fig. 19
Fig. 20
Fig. 21

Pl. 4e.

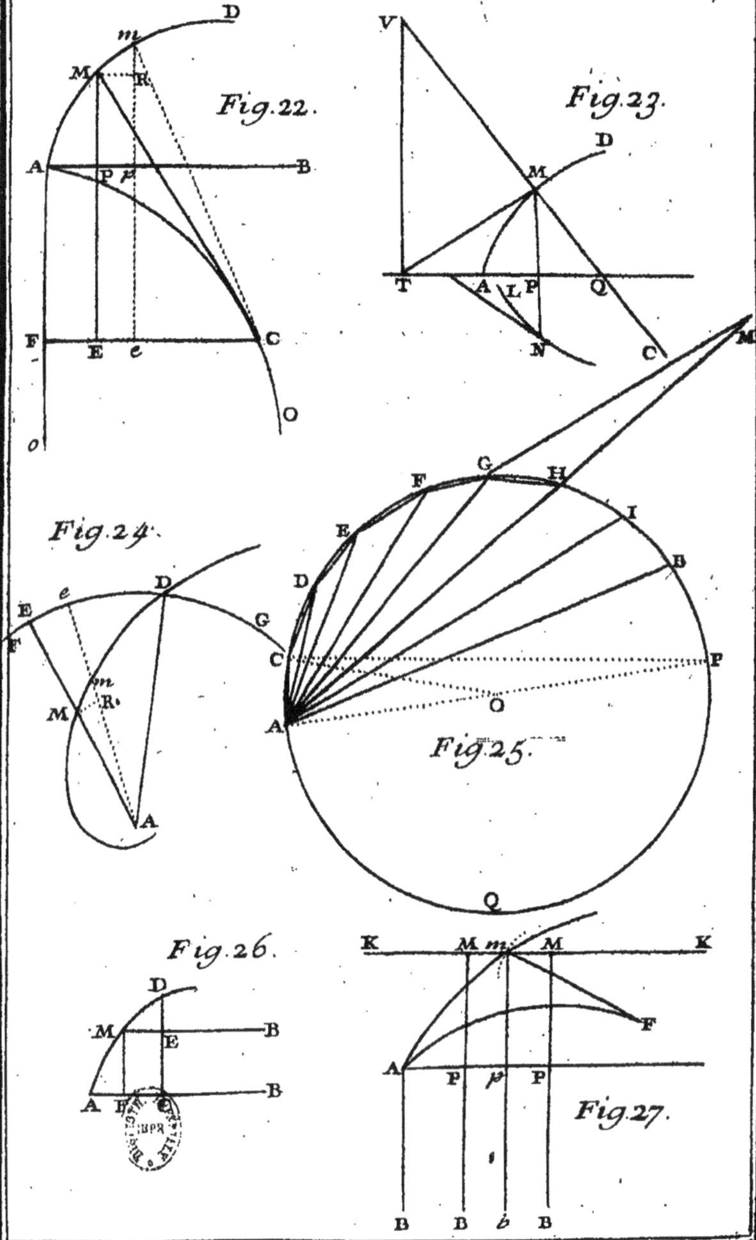

Fig. 22.

Fig. 23.

Fig. 24.

Fig. 25.

Fig. 26.

Fig. 27.

Pl. 5.e

Fig. 28.

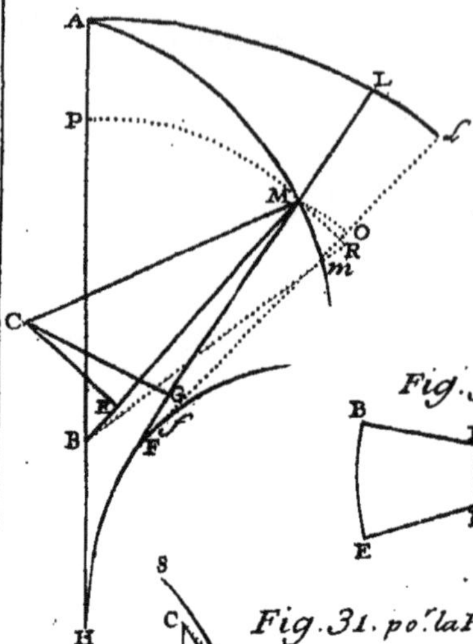

Fig. 29.

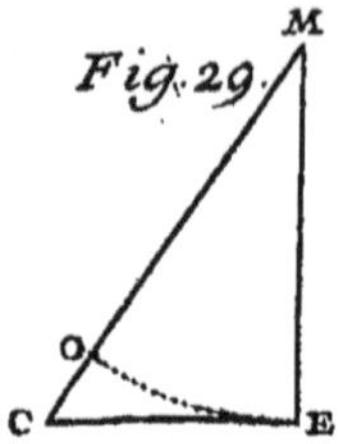

Fig. 30.

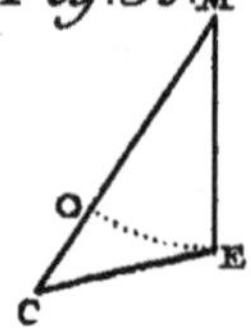

Fig. 32. po.r la Pa. 80.

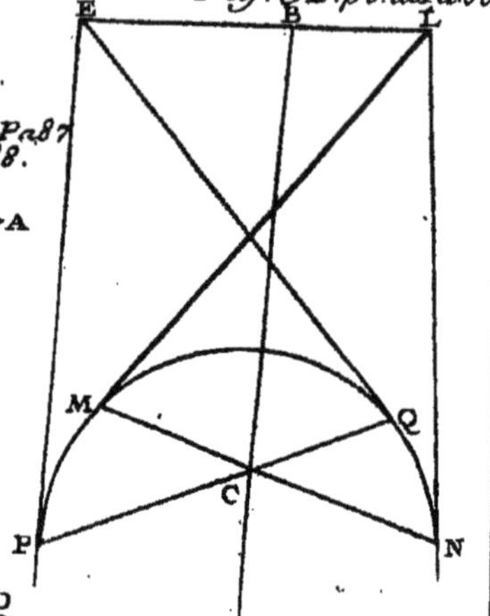

Fig. 34. po.r la Pa. 87 et 88.

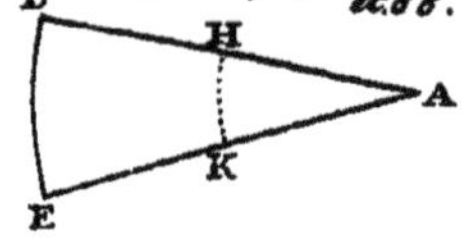

Fig. 31. po.r la Pag. 76.

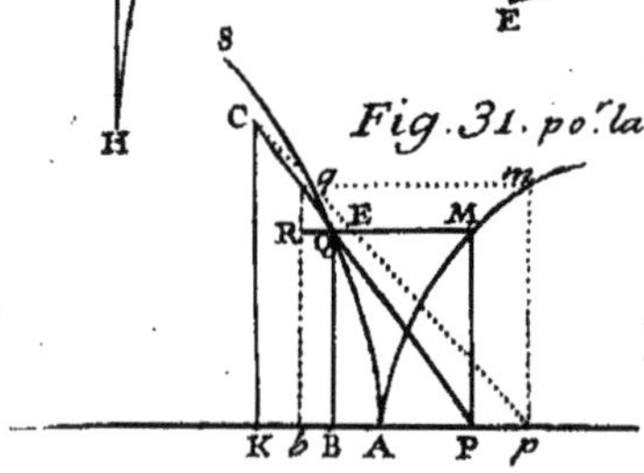

Fig. 35. po.r la Pag. 87. et 88.

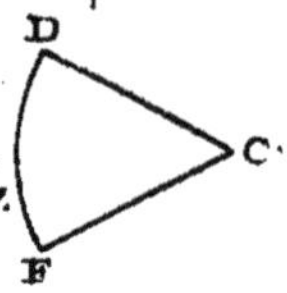

Fig. 36.

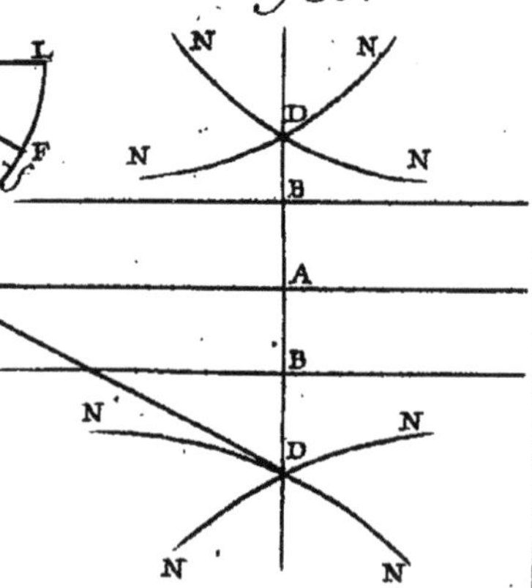

Fig. 33 po.r la Pag. 83.

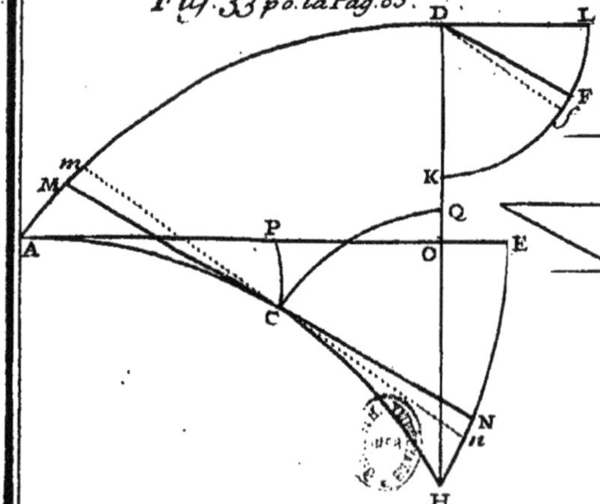

Fig. 37. pour la pag. 90.

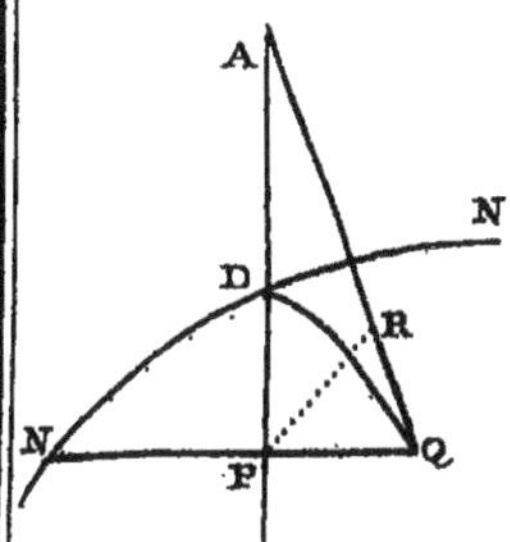

Fig. 38

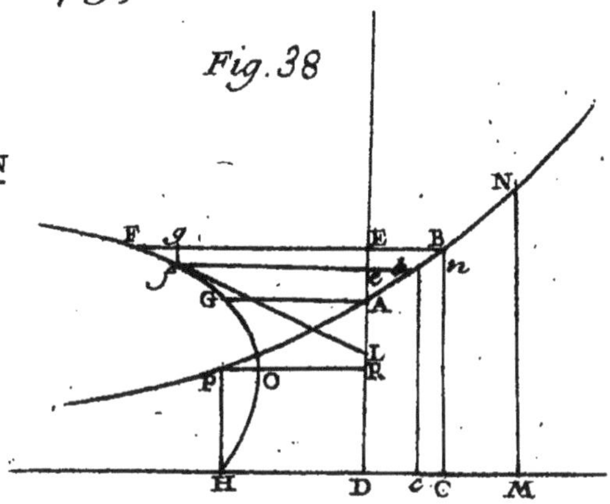

Fig. 39.

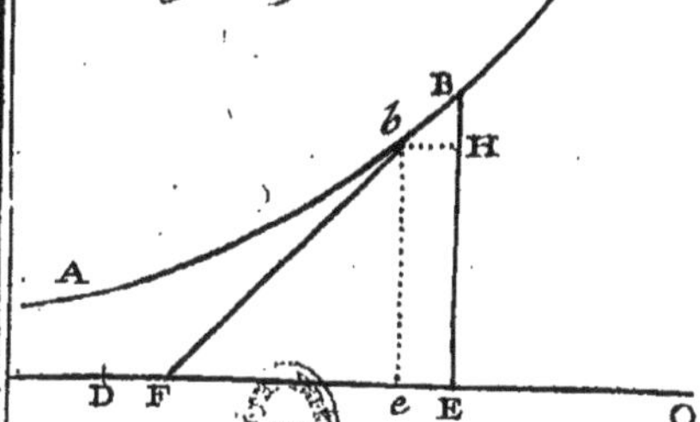

Fig. 40

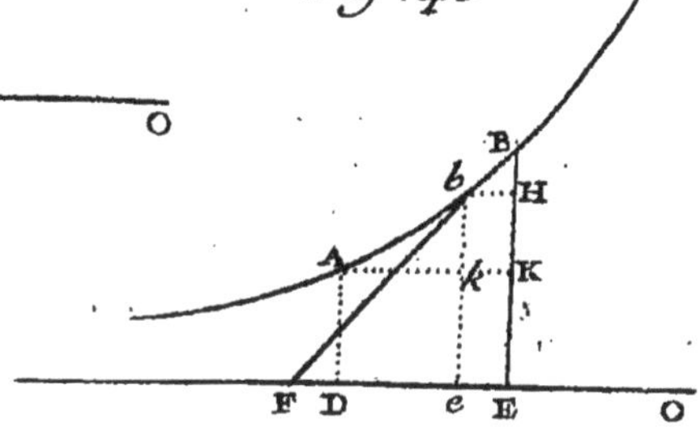

www.ingramcontent.com/pod-product-compliance
Ingram Content Group UK Ltd.
Pitfield, Milton Keynes, MK11 3LW, UK
UKHW031915260826
14628UKWH00003B/1213